魏 新◎主編 尚青雲簡◎繪圖

中 華 教 育

責任編輯　楊紫東
裝幀設計　龐雅美
排　　版　龐雅美
印　　務　劉漢舉

魏　新◎主編　尚青雲簡◎繪圖

出版 / 中華教育

香港北角英皇道 499 號北角工業大廈 1 樓 B 室
電話：(852) 2137 2338　傳真：(852) 2713 8202
電子郵件：info@chunghwabook.com.hk
網址：http://www.chunghwabook.com.hk

發行 / 香港聯合書刊物流有限公司

香港新界荃灣德士古道 220-248 號荃灣工業中心 16 樓
電話：(852) 2150 2100　傳真：(852) 2407 3062
電子郵件：info@suplogistics.com.hk

印刷 / 美雅印刷製本有限公司

香港觀塘榮業街 6 號海濱工業大廈 4 樓 A 室

版次 / 2022 年 12 月第 1 版第 1 次印刷

規格 / 16 開（230mm x 190mm）

ISBN / 978-988-8808-59-5

序

有孩子之後，我越來越多地思考一個問題：怎樣才能讓孩子喜歡讀書？

這個問題背後，還牽扯到許多問題，很複雜，也很簡單。閱讀，原無太多條條框框，也不應有過於直接的目的。只是，啟發孩子讀書興趣，引導孩子讀書方向，需要更多的人一起努力。

許多人，包括我，這兩年開始嘗試為孩子們去寫作。在這個過程中，我發現，寫甚麼，怎麼寫，對我來說都是新的難題。

每個孩子的閱讀能力不同，就算是同一個年齡段，想像力和理解力也存在區別，興趣點和成人差異更大。所以，要寫一本讓孩子們喜歡，並且讀完之後有收穫的書，需要用更多的時間，下更大的功夫。

《與經典同遊》就經歷了一個漫長的過程。為了把中國傳統文化中的優秀價值觀通過豐富的形式展現出來，我們查閱了大量資料，按「誠信、明禮、守正、勤儉、愛國、勤奮」的條目，從諸多典籍中精選出來，在對古文做常規性介紹的同時，設置「大人物」「大典故」「小啟示」「小拓展」等欄目，將古人的生平軼事，成語、詩詞，文史小知識等以現代的論壇、社交媒體平台、聊天記錄等形式組合在一起，避免了生硬的說教，增加了閱讀的趣味。

可以說，這既是一本書，也是一個劇本集，其中的「演員」有諸子百家，有歷朝名臣；有建功立業的武將，也有出口成章的詩人。他們在中國傳統文化的大舞台上演繹着風雲變幻、王朝更迭，而真正的主角則是書的讀者——孩子們。

我相信，這本書可以幫孩子們實現一場和古人的心靈對話，在這場對話中，完成自我的「文化穿越」。也許，中華傳統文化的魅力，從來就不是枯燥呆板、故弄玄虛，而一直是深入淺出、情趣盎然，我們僅僅是給它穿上了新時代的靚麗童裝，讓它從厚重典籍裏輕盈地走出來，露出天真爛漫的笑容，奔向鮮花盛開的未來。

魏新

2021 年 9 月 9 日於楊柳風學堂

目錄

第一篇　愛國

鞠躬盡瘁，死而後已　2

捐軀赴國難，視死忽如歸　6

祖宗疆土，當以死守，不可以尺寸與人　10

位卑未敢忘憂國　14

少年中國說（節選）　18

一萬年太久，只爭朝夕　22

莫等閒，白了少年頭，空悲切　26

苟利於民，不必法古；苟周於事，不必循舊　30

我善養吾浩然之氣　34

富貴不能淫，貧賤不能移，威武不能屈　38

士不可以不弘毅，任重而道遠　42

第二篇　勤奮

敏而好學，不恥下問 48

苟日新，日日新，又日新 52

博學之，審問之，慎思之，明辨之，篤行之 56

智能之士，不學不成，不問不知 60

志當存高遠 64

鐵杵成針 68

天行健，君子以自強不息 72

不怨天，不尤人 76

生於憂患而死於安樂 80

及時當勉勵，歲月不待人 84

少年易老學難成，一寸光陰不可輕 88

有恆則斷無不成之事 92

窮則變，變則通，通則久 97

青，取之於藍而青於藍 100

勝人者有力，自勝者強 104

騏驥一躍，不能十步；駑馬十駕，功在不舍 108

第一篇

愛國

鞠躬盡瘁，死而後已

原文

夫難平[1]者，事也。昔先帝敗軍於楚[2]，當此時，曹操拊手[3]，謂天下以定[4]。然後先帝東連吳、越，西取巴、蜀，舉兵北征，夏侯授首[5]；此操之失計，而漢事將成也。然後吳更違盟，關羽毀敗，秭歸[6]蹉跌，曹丕稱帝；凡事如是，難可逆見。臣鞠躬盡瘁，死而後已。至於成敗利鈍[7]，非臣之明所能逆睹[8]也。

—— 三國．諸葛亮《後出師表》

典籍

《後出師表》——蜀漢第一次北伐失敗後，諸葛亮寫給後主劉禪的陳述軍事形勢，審時度勢堅定再次出師信念的書信。

注釋

① 平：同「評」，評判斷定。

② 楚：指屬於古楚地的當陽長坂。

③ 拊手：拍手。拊，粵 fu2（府）；普 fǔ。

④ 以定：以，同「已」。已成定局。

⑤ 授首：交出頭顱，指被殺。

⑥ 秭歸：今湖北宜昌北。秭，粵 zi2（子）；普 zǐ。

⑦ 利鈍：順利與困難。

⑧ 逆睹：預見，預料。

大人物

關羽

姓關名羽字雲長，還有一字為長生。
三國時期蜀國將，驍勇忠義少敗績。
不貪富貴離曹營，水淹七軍震華夏，
麥城敗走死吳手。劉禪追謚壯繆侯，
後人稱我為「武聖」。

大典故

這段古文衍生了一個成語：

鞠躬盡瘁

瘁，勞累。指竭盡勞苦地奉獻出一切。

小啟示

當初先帝兵敗於楚地當陽長坂，那時候，曹操拍手稱快，以為天下大事就此成定局。後來先帝東面與孫吳聯合，西面取得巴蜀之地，出兵北伐，打敗並斬首夏侯淵；眼看興復漢室的大業就要成功。孫吳卻又違背盟約，關羽戰敗身亡，先帝伐吳在秭歸遭遇失敗，曹丕廢漢稱帝；臣下恭敬效勞竭盡全力，至死罷休。至於復興大業究竟是成功還是失敗，是順利還是困難，那不是臣下的才智所能夠預見到的。

小拓展：顧炎武訪談錄

顧炎武：助力抗清終不成，身為明臣不仕清。此等無奈古今同，訪談先賢慰我心。諸葛武侯，您寫《後出師表》時，是否已預知興復漢室希望渺茫？

諸葛亮：天下形勢變幻莫測，我漢室確實不佔優勢，我唯有鞠躬盡瘁，死而後已。即便大業不成，也能無愧於心！

顧炎武：文丞相，您家世優越，富貴滿堂，卻在元軍節節進逼時散盡家財招募義軍，於宋室流亡逃難之際受命丞相一職，難道您不知元、宋實力懸殊，宋室滅亡已成定局嗎？

文天祥：我怎不知！但人生自古誰無死，我為保家衛國，鞠躬盡瘁竭盡全力，死雖有憾，卻從不後悔！

捐軀赴國難，視死忽如歸

原文

白馬飾金羈[①]，連翩西北馳。借問誰家子，幽并[②]遊俠兒。少小去鄉邑，揚聲沙漠垂。宿昔秉良弓，楛矢[③]何參差[④]。控[⑤]弦破左的，右發摧月支[⑥]。仰手接飛猱[⑦]，俯身散馬蹄。狡捷過猴猿，勇剽若豹螭[⑧]。邊城多警急，虜騎數遷移。羽檄[⑨]從北來，厲馬登高堤。長驅蹈匈奴，左顧凌[⑩]鮮卑。棄身鋒刃端，性命安可懷？父母且不顧，何言子與妻！名編壯士籍，不得中顧私。捐軀赴國難，視死忽如歸！

—— 三國・曹植《白馬篇》

典 籍

《白馬篇》——又名《遊俠篇》，是三國文學家曹植前期寫的一首樂府詩。

注 釋

① 羈：馬絡頭。

② 幽并：幽州和并州，轄區在今河北、山西及陝西部分地區。并，粵bing1(冰)；普bīng。

③ 楛矢：用楛木做箭桿的箭。楛，粵wu6(戶)；普hù。

④ 參差：很多箭矢放在箭壺中的樣子。

⑤ 控：引，拉開。

⑥ 月支、馬蹄：箭靶的名稱。

⑦ 猱：善攀緣的猿類。粵naau4(撓)；普náo。

⑧ 螭：傳說中像龍的猛獸。螭，粵ci1(痴)；普chī。

⑨ 羽檄：檄，用於徵召的軍事文書。粵hat6 (瞎)；普xí。羽檄，插羽毛的文書，一般用於緊急軍情。

⑩ 凌：用武力征服。

大人物

曹植

姓曹名植字子建，父親曹操兄曹丕。
十五隨父征海賊，北上柳城南新野。
任意妄為失父寵，兄長曹丕成世子。
兄即位後打壓我，受封陳王不得用。
仕途不暢文途順，建安文學集大成，
父兄並稱為「三曹」。

延伸學習：三曹

「三曹」指曹操、曹丕和曹植，父子三人均在文學上有深厚造詣。

大典故

這段古文借用了一個成語：

視死如歸

歸，回家。把死亡看得好像回家一樣，指為了正義事業不怕犧牲。

小啟示

邊塞的英雄少年騎馬向西北去，他們年紀輕輕離別家鄉，到大漠邊疆建功立業。少年們個個身手了得，拉開弓弦向左右射擊，箭箭得中靶心。聽說戰事告急，便隨大軍出征，在刀劍無眼的戰場上，無暇顧及自身安危，父母妻兒更是無法照顧，那些名列戰冊的英雄們，先天下之先，為國奮戰，無懼生死。

近代中國，面對帝國主義侵略和奴役，無數優秀的中華兒女奮然挺身抗爭，為了民族大義，即使獻出生命也在所不惜。如今在和平年代，同樣也有許多優秀的中華兒女為了國家的繁榮和強盛，在自己的崗位上兢兢業業地奉獻着。我們也要將個人理想與時代精神相結合，努力實現自身價值。

小拓展：曹操曹植父子會

曹　植：父親，我自幼就渴望像大漢名將霍去病那樣，縱橫漠北，在匈奴腹地狼居胥山築壇祭天。而我少年時隨您四處征戰，拼死廝殺，後又領大軍征討洛陽以西地區凱旋。您對我究竟哪裏不滿意，竟立哥哥曹丕為世子？

曹　操：封狼居胥，好大的志向！你也確實文武雙全，驚世絕豔。但那年我東征孫權，命你留守鄴城，你卻醉酒誤事，縱車馬奔馳在只有皇帝能走的御道上！

曹　植：我……

曹　操：志大才疏也就罷了，可你偏偏志大才高，又行為放誕，我怎能放心把基業交託於你？

曹　植：……

祖宗疆土，當以死守，不可以尺寸與人

原文

欽宗即位，綱上封事，謂：「方今中國勢弱，君子道消，法度紀綱[1]，蕩然無統。陛下履位之初，當上應天心，下順人欲。攘除[2]外患，使中國之勢尊；誅鋤內奸，使君子之道長，以副[3]道君皇帝[4]付託之意。」召對延和殿，上迎謂綱曰：「朕頃在東宮，見卿論水災疏，今尚能誦之。」李鄴[5]使金議割地，綱奏：「祖宗疆土，當以死守，不可以尺寸與人。」欽宗嘉[6]納，除[7]兵部侍郎。

——《宋史・李綱傳》

典 籍

《宋史》——元朝丞相脫脫等撰寫。共四百九十六卷，卷帙浩繁，成書倉促，北宋詳，南宋略，但保存了不少今已散失的原始資料，為研究宋代歷史的基本史料之一。

注 釋

① 法度紀綱：指國家法規、紀律及人們約定俗成的道德規範。
② 攘除：排除，除掉。
③ 副：同「符」，符合。
④ 道君皇帝：指宋徽宗。宋徽宗遜位於宋欽宗後，稱道君皇帝。
⑤ 李鄴：曾擔任金國使，於宋高宗建炎三年(1129 年) 投降金國。
⑥ 嘉：嘉許，稱讚。
⑦ 除：拜官授職。

李綱

姓李名綱字伯紀，北宋常州無錫人。
靖康金兵侵汴梁，帶領軍民退金兵。
堅不求和遭罷免，驅逐出京無實權。
我走金兵再圍京，欽宗召我為時晚。
北宋滅亡隨南宋，起用為相不久免。
一生力主抗金兵，壯志未酬病中逝，
追贈少師謚忠定。

這段古文表達的含義與一個成語相近：

寸土不讓

一寸土地也不讓給敵人。形容對敵爭鬥毫不退讓。

小啟示

宋欽宗即位，李綱上密封奏章，說：「當今國勢衰弱，君子之道消亡，法度紀綱蕩然無存。陛下即位之初，應當上應天意，下順民心。除掉外族禍患，使國勢強盛；剷除奸佞小人，使君子之道得以弘揚長遠，以這些做法來符合道君皇帝把皇位禪讓於您的重託。」欽宗宣召李綱到延和殿奏對，欽宗主動上前迎着李綱說：「我不久前在東宮當太子時，看見你論述水災的奏疏，至今還能背誦出來。」李鄴出使金國商議割地事宜，李綱上奏說：「祖宗留下的疆域國土，應以死相守，不可有一尺一寸送與他人。」欽宗嘉獎李綱並接納了他的觀點，授任李綱為兵部侍郎。

我們國家的疆域廣闊遼遠，但沒有一寸是多餘的。愛國不是喊口號那麼簡單，要落實到具體的行動上來，愛國就包括守護國家的疆土。

延伸學習：三省六部

李綱擔任的兵部侍郎，屬於三省六部中的兵部。我們來看看甚麼是三省六部：

三省：國家最高政務機構。

中書省：負責決策。最高長官為中書令。

門下省：負責審議。最高長官為侍中。

尚書省：負責執行。最高長官為尚書令。

六部：尚書省轄管的六個部門。

吏部：負責官吏任命與考核。

戶部：負責土地戶口、賦稅財政等。

禮部：負責典禮、學校、科舉等。

兵部：負責軍事。

刑部：負責司法、刑獄。

工部：負責工程營造、水利等。

六部制從隋唐一直沿用到清末，最高負責人為 × 部尚書，第二負責人稱 × 部侍郎。

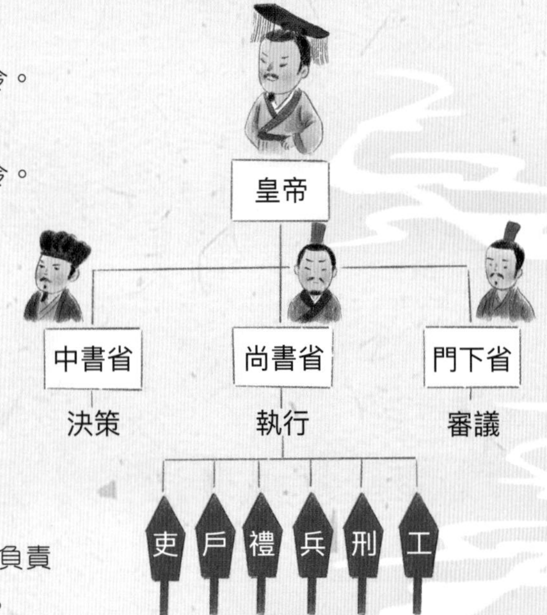

小拓展：李綱穿越清朝之旅

李　綱：生前恨見國淪亡，二帝被俘哭斷腸。而今穿越到清朝，且看世道怎麼樣。

滾滾黃沙，大軍中，士卒們抬着一口棺材。

李　綱：老將軍，軍隊要去何方？

左宗棠：唉！沙俄侵我新疆伊犁，我正率大軍前往，誓要收復失地，揚我國威！

李　綱：您這棺材是……

左宗棠：哼！朝中那幾個軟骨頭主張割讓新疆向沙俄求和，我偏要抬棺明誓，表明即便戰死沙場，我國疆土也「尺寸不可讓人」！

李　綱：好！好！仁人志士的氣節不滅，風骨長存，即便國家有難也終會勝利，老夫可以瞑目了！

位卑未敢忘憂國

病骨[1]支離[2]紗帽寬，孤臣[3]萬里客[4]江干[5]。位卑未敢忘憂國，事定猶須待闔棺[6]。天地神靈扶廟社[7]，京華父老望和鑾[8]。出師一表[9]通今古，夜半挑燈[10]更細看。

—— 宋・陸游《病起書懷》

典 籍

《病起書懷》—— 宋代詩人陸游被罷免官職後於宋孝宗淳熙三年（1176 年）在四川成都寫的詩作。全詩表達了詩人的愛國情懷以及憂國憂民之心。

注 釋

① 病骨：指因疾病而瘦損的身軀。
② 支離：殘缺不全。引申為憔悴。
③ 孤臣：不受重用、遠離朝廷的臣子。
④ 客：身在外鄉。
⑤ 江干：江岸。
⑥ 闔棺：合攏棺材，指死亡。詩中意指蓋棺定論。闔，閉上，合攏。粵 hap6（合）；普 hé。
⑦ 廟社：宗廟社稷，用以比喻國家。
⑧ 和鑾：古代車上的鈴鐺。掛在車前橫木上稱「和」，掛在車架上稱「鑾」。鑾，粵 lyun4（聯）；普 luán。
⑨ 出師一表：指諸葛亮的《出師表》。
⑩ 挑燈：撥動燈火。

大人物

陸游

姓陸名游字務觀，自號放翁宋朝人。
出身望族家學博，參加官員子弟試。
名列榜首我第一，秦檜孫子列我後。
秦檜疾恨阻仕途，秦檜死後方出仕。
力主抗金遭構陷，起復積極促北伐。
嘉定和議北伐敗，憤憂成疾不久逝。

小啟示

我病體消瘦更顯得紗帽鬆寬，遠在萬里之外的成都江邊，職位雖低微卻憂心國事，一心要想收復失地的理想，只有死後才能蓋棺定論。希望天地神明保佑國家社稷，故都汴梁的鄉親日夜企盼君王凱旋。諸葛孔明《出師表》渴望復國的忠義之情古今相通，深夜燈下細細品讀，忍不住感慨萬千。

陸游的詩多是憂國憂民之作，後世稱他為愛國詩人。「位卑未敢忘憂國」一句成為後來許多憂國憂民之士用以自警自勵的名句。

小拓展：南宋文人會

陸　游：我去世前，一心企盼「王師北定中原」，沒想到大宋竟被元朝滅了！這段歷史已成過往，可讀之仍然心痛如刀絞！今日召集幾位文壇同好，敘敘舊！

陸　游：想當年，眼看山河破碎，我這心啊，痛！

李清照：陸放翁「位卑未敢忘憂國」，身為女子，我又何嘗不憂慮國運？恨那時朝臣貪圖安逸，沒有硬骨頭！

林　升：易安居士（李清照，號易安居士）「至今思項羽，不肯過江東」詩句，怒其不爭，鏗鏘有力，無奈朝廷上下早已沉湎享樂，「直把杭州作汴州」了！

辛棄疾：我曾在敵後起義反金，也曾諫言陛下起兵。可惜朝中無人真心北伐，我只能感歎「廉頗老矣，尚能飯否」啊！

范成大：辛稼軒（辛棄疾，號稼軒）臨死仍大呼「殺賊」，風骨可感。我受命出使金國，堅持要金主收下訂立接收國書禮儀的奏章。金國非但不收，還差點把我打死！那時我已立志效法漢使臣蘇武，「提攜漢節同生死」，寧死也不能丟掉大宋使臣的氣節！

陸　游：當時，滿朝文武無一人敢出使金國，只有范致能（范成大，字致能）您毅然前往，全節而歸，可感可佩！

少年中國說（節選）

原文

故今日之責任，不在他人，而全在我少年。少年智則國智，少年富則國富，少年強則國強，少年獨立則國獨立，少年自由則國自由，少年進步則國進步，少年勝於歐洲則國勝於歐洲，少年雄於地球則國雄於地球。

紅日初升，其道大光。河出伏流，一瀉汪洋。潛龍騰淵，鱗爪飛揚。乳虎嘯谷，百獸震惶。鷹隼試翼，風塵吸①張。奇花初胎，矞矞皇皇②。干將③發硎④，有作其芒。天戴其蒼⑤，地履其黃⑥。縱有千古，橫有八荒。前途似海，來日方長。

美哉，我少年中國，與天不老！壯哉，我中國少年，與國無疆！

——節選自梁啟超《少年中國說》

典 籍

《少年中國說》——清朝末年戊戌變法領袖梁啟超撰寫的鼓勵人民奮發圖強、振興國家的散文。

注釋

① 吸：合攏。
② 矞矞皇皇：繁榮、富麗堂皇的樣子。矞，粵 wat6（核）；普 yù。
③ 干將：古代十大名劍之一，由鑄劍師干將鑄成。
④ 發硎：剛在磨刀石上磨礪好。硎，磨刀石。粵 jing4（形）；普 xíng。
⑤ 蒼：天空的青色。
⑥ 黃：大地的土壤色。

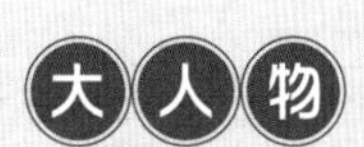

梁啟超

姓梁雙名為啟超，字卓如與任甫，
公車上書反簽約，戊戌變法求維新，
主張史學新革命，創制散文新文體，
圖書館學頗有得，闢有書齋飲冰室。

這段古文衍生出一句名言：

少年強則國強

少年強大，國家就強大。

小啟示

所以今天的責任，不在他人身上，而是全繫於我們的少年。少年智慧國家就智慧，少年富裕國家就富裕，少年強大國家就強大，少年獨立國家就獨立，少年自由國家就自由，少年進步國家就進步，少年勝過歐洲，國家就勝過歐洲，少年稱雄於世界，國家就稱雄於世界。

紅日剛剛升起，大路灑滿霞光；黃河自源頭奔騰而出，傾瀉千里浩浩蕩蕩。潛龍從深淵騰躍而起，鱗爪舞動神采飛揚。幼虎在山谷吼叫，百獸戰慄恐慌。鷹隼要振翅高飛，風與塵席捲飛揚。奇花剛孕育出蓓蕾，茁壯茂盛富麗堂皇。寶劍初磨礪好鋒刃，耀眼奪目閃射光芒。頭頂蒼天，腳踏黃土。縱觀歷史，千載歲月悠遠綿長；橫看國土，八荒疆域遼闊雄壯。前途像大海一樣寬廣，未來遠長且充滿希望。

美麗啊，我的少年中國，與天地共存永不衰老！雄壯啊，我的中國少年，與祖國同在萬年無疆！

常言道：「有志不在年高。」年齡雖小，志氣要大。窮則獨善其身，達則兼濟天下。

小拓展

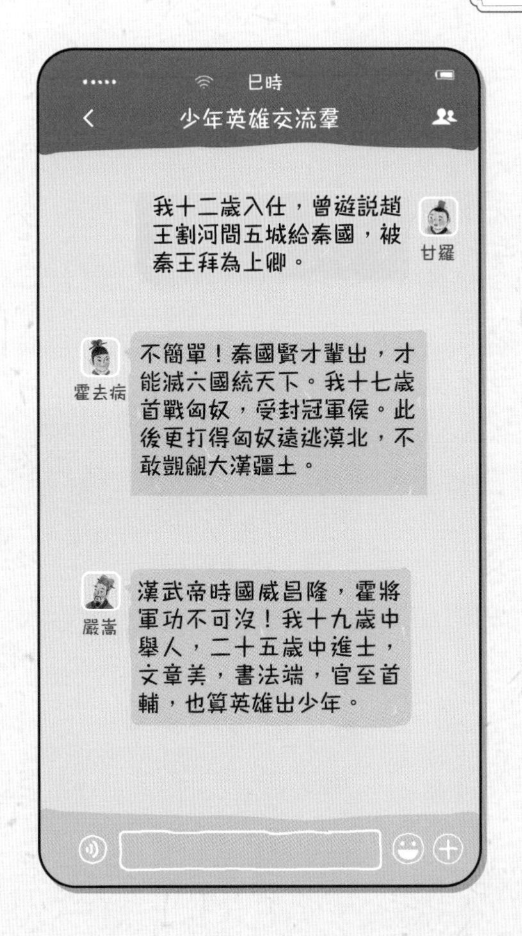

一萬年太久，只爭朝夕

原文・

小小寰球[①]，有幾個蒼蠅碰壁。嗡嗡叫，幾聲淒厲，幾聲抽泣。螞蟻緣槐[②]誇大國，蚍蜉撼樹[③]談何易。正西風落葉下長安[④]，飛鳴鏑[⑤]。

多少事，從來急；天地轉，光陰迫。一萬年太久，只爭朝夕。四海[⑥]翻騰雲水怒，五洲震盪風雷激[⑦]。要掃除一切害人蟲，全無敵。

—— 毛澤東《滿江紅・和郭沫若同志》

典籍

《滿江紅・和郭沫若同志》——滿江紅為詞牌名，這裏指毛澤東在《光明日報》上讀到郭沫若的詞時詩興勃發而填的一首詞。

注釋

① 寰球：指地球。寰，粵waan4（環）；普huán。

② 螞蟻緣槐：借用「南柯一夢」典故，形容虛妄、不實際。

③ 蚍蜉撼樹：螞蟻想搖動大樹，指不自量力。蚍，粵pei4（皮）；普pí。蜉，粵fau4（浮）；普fú。

④ 長安：漢、唐時都城，即今陝西省西安市。

⑤ 鳴鏑：一種帶哨音的響箭。鏑，粵dik1（的）；普dí。

⑥ 四海、五洲：四海，古人認為中國國土外有四海環繞，以「四海」泛指天下；五洲，指亞、非、美、歐、大洋洲。以四海、五洲借指天下、整個世界。

⑦ 激：猛烈。

大人物

郭沫若

原名開貞字鼎堂，棄醫從文推新詩。
時局混亂投戎去，南昌起義心繫民。
研究考古甲骨文，文章考古成一派。
現代文學史學家，生平著作百萬字。

大典故

這段古文借用了兩個成語典故：

蚍蜉撼樹

蚍蜉，一種大螞蟻。螞蟻想要撼動大樹，比喻不自量力。

南柯一夢

淳于棼[1]夢到自己成為大槐安國的南柯郡太守，享盡榮華富貴，醒來才發現，大槐安國竟是住所旁邊大槐樹下的蟻穴，南柯郡是大槐樹南面的樹枝。後形容大夢一場或得到虛妄的空歡喜。

注釋

① 淳于棼：唐代傳奇《南柯太守傳》的主人公。棼，粵 fan4（焚）；普 fén。

小啟示

小小地球上，有那麼幾個國家像幾隻到處碰壁的蒼蠅一樣嗡嗡直叫，牠們的聲音時而淒厲，時而又像哭泣。這幾個國家好似大槐樹下的螞蟻，誇耀自己有多強大，他們的行為就如螞蟻想要撼動大樹——全是痴心妄想。

人世間多少事，匆匆過去；天地輪換，光陰迫人。一萬年太久，我們要爭分奪秒、刻不容緩。這首詞自始至終貫穿着反對帝國主義、反對霸權主義的思想意志，表現出一種至大至剛的氣概。

小拓展

12:52 100%

<

顏真卿（唐代名臣、書法家）

三更燈火五更雞，正是男兒讀書時。

祖逖（東晉大將）：小時候，雞一叫我立馬麻利地起牀，去院裏舞劍練武，沒一天間斷。

回覆：聞雞起舞難得，持之以恆更難得。每天早起幾小時，一生之中，比別人多出來好多天！

諸葛亮：我也有樁和雞有關的少年事。我師從水鏡先生讀書那陣子，雞叫時先生就下課。我揣了把米，悄悄投餵大公雞。公雞光吃米沒有按時鳴叫，這樣，上課時間就延長啦！

回覆：為了多擠點兒時間學習，小時候的您也太努力了！

發表回應……

莫等閒，白了少年頭，空悲切

原文

怒髮衝冠[1]，憑欄處、瀟瀟[2]雨歇。抬望眼，仰天長嘯，壯懷激烈。三十功名[3]塵與土，八千里路[4]雲和月。莫等閒，白了少年頭，空悲切！

靖康恥，猶未雪。臣子恨，何時滅！駕長車，踏破賀蘭山[5]缺。壯志飢餐胡虜[6]肉，笑談渴飲匈奴血。待從頭、收拾舊山河，朝天闕[7]。

—— 宋・岳飛《滿江紅・寫懷》

典籍

《滿江紅・寫懷》—— 滿江紅是詞牌名，《滿江紅・寫懷》是宋朝抗金名將岳飛填的一首詞，抒發了作者對山河淪陷的悲憤，對南宋朝廷不作為的痛惜，以及對收復故土的期盼。

注 釋

① 怒髮衝冠：由於憤怒，頭髮豎起，頂起了帽子。形容憤怒至極。冠，指帽子。
② 瀟瀟：雨勢勁急的樣子。
③ 三十功名：年過三十，建立功名。
④ 八千里路：形容南征北戰，征途漫長。
⑤ 賀蘭山：今位於我國寧夏回族自治區與內蒙古自治區交界處。
⑥ 胡虜：與中原敵對的北方部族之通稱。
⑦ 天闕：天上的宮闕，代指皇帝居住的地方。

大人物

岳飛

姓岳名飛字鵬舉，宋朝相州湯陰人。
生具神力武藝高，四度從戎戰名揚。
戰功赫赫敵喪膽，施壓朝廷將我害。
父子二人齊入獄，羅織罪名莫須有。
孝宗為我來平反，改葬西湖謚武穆。

大典故

這首詞借用了一個成語：

怒髮衝冠

氣得頭髮豎立，頂起了帽子，形容憤怒到了極點。

小啟示

我憤怒得頭髮直衝冠帽，獨自登高憑欄，驟急風雨剛剛止歇。抬頭遠望，忍不住仰天長嘯，保家衞國之情充塞胸膛。年已過三十，建立的功名如塵土般微不足道；轉戰八千里，數不盡多少風起雲湧、披星戴月。不要虛耗時光，任憑青絲變成白髮，再徒勞地後悔悲傷。

靖康之變的恥辱，至今仍未消弭，臣子的憤恨，何時才能泯滅？我要駕戰車出戰，征服賀蘭山脈。我壯志滿懷，飢餓時飽餐金敵之肉，談笑間口渴時痛飲敵人鮮血。等我捲土重來、收復舊日山河，向國君報告勝利消息。

小拓展：岳王廟裏君臣會

宋徽宗：（痛哭）岳愛卿，老趙家對不起你！你奮不顧身抗金，朕那不爭氣的老九卻重用秦檜，把你……殺了！

宋欽宗：（憤怒）九弟是怕岳愛卿把朕和父皇接回去，他當不成皇帝！

宋高宗：（白眼）皇兄，你說話要講良心哦！那金兵——多厲害吶！真要讓他們渡江打過來，咱大宋江山可就連片草葉都不剩啦！朕這是保存實力！

岳飛：三位陛下別吵了，微臣活了三十九年，所作所為無愧於國家百姓，沒有虛耗光陰，值了！只可憐我兒岳雲，唉！

岳雲：父親大人，孩兒不悔！只恨沒死於沙場，卻死於奸臣陰謀！論起人生莫等閒，我父子二人可比某些皇帝、丞相強多了，哼！

秦檜：哈哈哈，岳賢姪真是年輕氣盛啊！至於莫等閒，我也是呀！喏，我被金國俘虜，又達成協議回到南宋，促成陛下與金國議和，還除掉你們父子這對絆腳石，對穩定南宋江山功不可沒嘛！

宋孝宗：（一腳踹出秦檜）做人不能太無恥！岳將軍，朕即位後給你們父子平反，積極用兵懲貪，開創「乾淳之治」，也算沒有虛度時光，對得起社稷百姓啦！

苟利於民，不必法古；苟周於事，不必循舊

治國有常，而利民為本；政教有經①，而令行為上②。苟利於民，不必法古；苟周於事，不必循舊。夫夏、商之衰也，不變法而亡；三代③之起也，不相襲而王。

——《淮南子·氾論訓》

典籍

《淮南子》——西漢淮南王劉安與他的門客們編纂的著作。內容以道家思想為主，糅合了儒、法、陰陽等家思想。

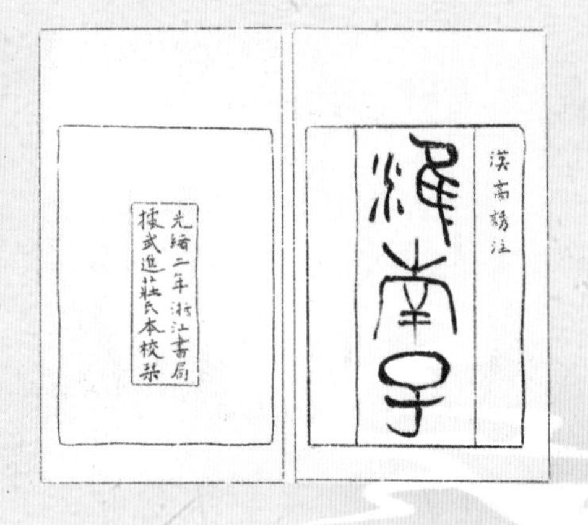

注釋

① 經：經常實行的辦法。

② 上：最。

③ 三代：指夏、商、周三個朝代。

劉安

高祖劉邦嫡親孫，少年受封淮南王。
好書鼓琴廣招客，合著而成《淮南子》。
熱氣浮升雞蛋殼，發明豆腐傳後世。
起兵叛亂卻敗露，自刎而死累滿門。

大典故

傳說，安徽十大名菜之一「八公山豆腐」，就是淮南王劉安發明的——

劉安發明豆腐

劉安喜愛煉丹。有一天，他在煉丹爐旁觀看煉丹，手中豆漿不小心灑在煉丹用的石膏上。不一會兒，石膏和豆漿都不見了，一塊白嫩嫩的東西出現在原地。旁邊有人嚐了一下，覺得美味可口。劉安興奮地大呼「離奇」。所以，八公山豆腐最初的名字就叫「黎祁」，即「離奇」的諧音。

小啟示

治理國家有常規，但必須以便利民眾為根本；政令教化有常法，但必須以切實有效為最佳。如果對民眾有利，不必一定要效法古制；如果適合實際情況，不必一定要遵循舊法。夏朝、商朝走到末路的時候，夏桀、商紂不改變舊法而導致滅亡；夏、商、周三個朝代興起的時候，夏禹、商湯、周武王不因襲舊法而稱王。國家的發展尚且需要變法和改革，作為時代的新人，在做事情的過程中，如果遇到困難，也應該好好想一想，調整一下思路，改變一下方法，也許一下子就豁然貫通了。

小拓展：變法圖強交流會

商　鞅：變法圖強看誰家？春秋戰國數秦國。土地公有改私有，獎勵軍功明法令。秦國從此變強盛，統一六國建秦朝。

劉　安：可惜呀，商鞅先生因變法得罪了貴族，最終慘遭車裂，幸好新法得以延續。

北魏孝文帝：內遷那會兒，我鮮卑族先祖拓跋珪建立北魏王朝。我即位後，遷都到洛陽，學習漢族規制，改說漢語，改姓漢姓。比如我複姓拓跋，就改姓「元」啦！

劉　安：改革使北魏王朝經濟大繁榮，促進了多民族融合！👍

譚嗣同：晚清時，西方列強侵我中華。在光緒帝支持下，我與一眾同仁勵志變法，引入先進社會制度。可慈禧太后囚禁光緒帝，殺害維新派，硬生生把變法舉措扼殺在搖籃裏！

劉　安：戊戌變法僅維持百日，可歎！譚先生等六人英勇就義，可佩！

我善養吾浩然之氣

原文

公孫丑問曰：「敢問夫子惡乎長①？」

曰：「我知言，我善養吾浩然②之氣。」

「敢問何謂浩然之氣？」

曰：「難言也。其為氣也，至大至剛，以直養而無害，則塞於天地之間。其為氣也，配義與道；無是，餒③也。是集義所生者，非義襲④而取之也。行有不慊⑤於心，則餒矣。」

——《孟子·公孫丑上》

典籍

《孟子》——儒家經典之一，由戰國時孟子及其弟子萬章等著，也有說為孟子弟子、再傳弟子的記錄。書中記載了孟子及其弟子的政治、教育、哲學、倫理等思想觀點和政治活動，為研究孟子學說的主要材料。

注釋

① 惡乎長：賓語前置，擅長甚麼。惡，粵wu1(烏)；普wū。
② 浩然：盛大的樣子。
③ 餒：飢餓，這裏指沒有力量。粵neoi5(女)；普něi。
④ 襲：掩取。
⑤ 慊：滿足。粵hip3(怯)；普qiè。

告子

我稱告子名不害，戰國時期思想家。
口才機敏重仁義，儒道墨家俱兼修。
孟子主張人性善，我偏認為無善惡。
我與孟子幾次辯，孟子常拿我舉例，
《孟子．告子》記我言。

這段古文衍生出一個成語：

浩然之氣

浩然，正大、剛直的樣子；氣，精神。指正大剛直的精神。

小啟示

公孫丑問孟子說：「請問老師您擅長甚麼？」

孟子說：「我擅長分析別人的言辭，我擅長培養我的浩然之氣。」

公孫丑又問：「請問甚麼是浩然之氣？」

孟子說：「很難說清楚。這種氣，至為宏大至為剛強，用正直來培養它而不加傷害，它就會充塞在天地之間。這種氣，與義和道相互配合；沒有義與道，它就缺乏力量。它是正義累積在心中而產生的，並非偶然的正義行為能夠獲取。如果行為有愧於心，它就會缺乏力量。」

孟子認為，天地間自有一股正氣，需要人們以寬廣的胸襟和高尚的品行去涵養它。在今天，一個人心中有正氣，就不會被邪氣鑽了空子；整個社會弘揚正氣，歪風邪氣就難以滋生。

小拓展：孟子師徒遊學小記

孟　子：唔，文天祥祠。據說，這座祠廟的原址是當年文丞相在元朝大都被囚禁之處。文丞相至死不降，風骨凜然，着實讓人尊敬。《正氣歌》裏可有着不少具備浩然正氣的例子。公孫丑，為師要考考你了，「在齊太史簡」，這件事你還有印象嗎？

公孫丑：自然。春秋時期，齊國大夫崔杼記恨國君齊莊公勾搭自己的妻子，設下圈套宰了莊公。齊國太史公如實記下這件事，崔杼惱羞成怒殺掉了太史公。太史公的弟弟依然照實記錄，也遭了崔杼毒手。太史公的第二個弟弟不懼威脅，堅持要尊重事實，崔杼只好放過了他。這位命大的弟弟從崔杼那裏出來，正碰上帶着竹簡前來的南史公。原來，南史公以為太史公一家都死了，正準備繼續寫崔杼弒君呢！後來，人們就用「太史簡」來形容史官實事求是的精神了！

孟　子：至死也要維護歷史的尊嚴，可敬！

公孫丑：老師，「在漢蘇武節」指的是甚麼？

孟　子：這位蘇大人，曾代表西漢王朝出使匈奴。因誓死不降，被單于流放到邊境苦寒之地牧羊。十九年來，蘇武風餐露宿，吃盡苦頭，卻始終握持代表漢朝的漢節，不曾向匈奴屈服。

公孫丑：歷盡艱辛不改氣節，難得！

孟　子：正是有了這一代代英雄志士，天地間的浩然正氣才能磅礴浩大，萬古長存啊！

富貴不能淫，貧賤不能移，威武不能屈

原文

景春[1]曰：「公孫衍、張儀豈不誠大丈夫哉？一怒而諸侯懼，安居而天下熄[2]。」

孟子曰：「是焉得為大丈夫乎？子未學禮乎？丈夫之冠[3]也，父命之；女子之嫁也，母命之，往送之門，戒[4]之曰：『往之女家[5]，必敬必戒[6]，無違夫子[7]！』以順[8]為正者，妾婦之道也。居天下之廣居，立天下之正位，行天下之大道。得志，與民由之；不得志，獨行其道。富貴不能淫[9]，貧賤不能移[10]，威武不能屈，此之謂大丈夫。」

——《孟子．滕文公下》

注 釋

① 景春：人名，與孟子同一時期的縱橫家。
② 熄：熄滅。此處指戰火止息，天下太平。
③ 冠：古代男子到二十歲時要舉行加冠禮，表示已經成年。
④ 戒：同「誡」，告誡。
⑤ 女家：這裏指女子出嫁後的夫家。女，同「汝」，第二人稱「你」。
⑥ 戒：謹慎，行止得體。
⑦ 夫子：丈夫。
⑧ 順：順從。
⑨ 淫：使……擾亂。
⑩ 移：使……改變。

公孫衍

複姓公孫單名衍，戰國時期魏國人。
出任魏官名犀首，主張合縱共抗秦。
曾任魏韓兩國相，推動諸國齊討秦。
攻伐雖敗聲勢赫，回魏卻遭誣陷死。

張儀

姬姓張氏單名儀，戰國時期魏國人。
早年師從鬼谷子，勤奮苦學滿腹才。
主張諸國結盟秦，輾轉遊說各國君。
巧舌如簧擊要害，為達目的言無信。
以橫破縱任秦相，時人稱我為賢士。

大典故

這段古文衍生出一個成語：

貧賤不移

貧賤，窘迫的處境；移，改變。不因生活貧困、社會地位低下而改變自己的志向。形容意志堅定。

小啟示

景春說：「公孫衍、張儀難道不是真正的大丈夫嗎？一發脾氣，諸侯個個膽戰心驚，安居平靜下來，天下都太平。」

孟子說：「這樣哪裏能算得上大丈夫？你沒有學過禮節嗎？男子行加冠禮，父親要訓導他。應該居住在天下最廣大的住所中，站在天下最正確的位置上，走天下最寬闊的道路。如果能實現志向則與百姓一起實現，不能實現志向則獨自堅持原則。富貴無法使其動搖心志，貧賤無法使其改變氣節，威逼無法使其卑躬屈膝，這才是真正的大丈夫。」

這段話通過批駁景春關於「大丈夫」的評判標準，針鋒相對地提出了要具備仁義禮智，同時又堅守氣節的真正大丈夫之道。

小拓展

12:52 100%

史可法（明末抗清名將）

「數點梅花亡國淚，二分明月故臣心。」今日遊覽紀念我自己的紀念館，看到館內後人為我題寫的對聯，忍不住想起崇禎陛下駕崩後的那段日子！

陸秀夫（南宋抗元名臣）：史將軍擁立福王朱由崧，忠於南明王朝，堅守揚州城抗擊清軍，面對清軍圍城毫無懼色，清廷許以高官厚祿也決不動心，真可謂忠肝義膽。

回覆：陸丞相過獎，您流亡海上仍不廢君臣大禮，維護南宋皇族尊嚴。您背負小皇帝投海自盡，寧死不降，風骨可感。

孟子：您二位富貴不能淫、威武不能屈，都是響噹噹的大丈夫，可敬！可佩！

發表回應……

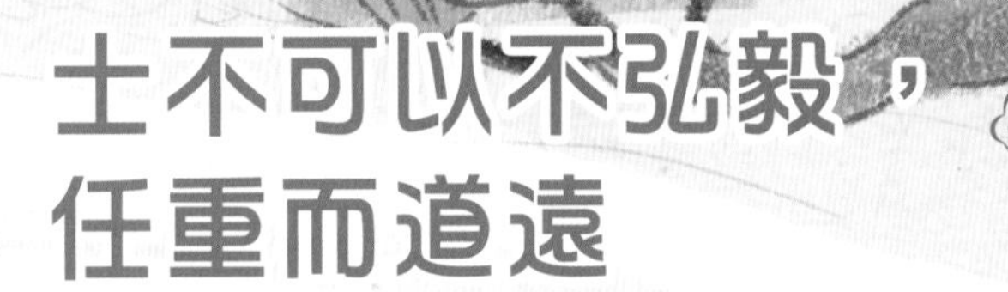

士不可以不弘毅，任重而道遠

原文

曾子[①]曰：「士不可以不弘毅[②]，任重而道遠。仁以為己任，不亦重乎？死而後已，不亦遠乎？」

——《論語・泰伯》

典籍

《論語》── 儒家經典之一，孔子弟子及其再傳弟子關於孔子言行的記錄。內容有孔子談話、答弟子問及弟子間的相與談論。為研究孔子思想的主要資料。宋代把它與《大學》《中庸》《孟子》合稱為「四書」。

注釋

① 曾子：曾參，孔子的學生。

② 弘毅：心胸寬廣，意志堅強。

宰予

姬姓宰氏單名予，子我為字魯國人。
曾經質疑三年喪，也曾課堂打瞌睡。
我師斥我為朽木，感慨識人要觀行。
師從孔子遊列國，出使齊楚因善辯。
位列孔門十哲內，十三賢中也有我。

冉耕

姓冉名耕字伯牛，春秋時期魯國人。
為人正派性質樸，接人待物有賢名。
英年早逝壽命短，生前官至中都宰。

大典故

這段古文衍生出一個成語：

任重道遠

任，責任，擔子；道，路途，路程。擔子很重，路途遙遠，比喻責任重大，需要經過長期的艱苦奮鬥。

小啟示

曾參說：「士人不可以不具備寬廣的心胸與堅強的意志，因為他責任重大、履行責任的路途遙遠。以實行仁德為自己的責任，責任不是很重大嗎？這種責任到死去才能止歇，履行責任的路途不是很遙遠嗎？」

這段話中的「任」，指實行仁德的責任。仁，是孔子思想的重要核心之一。在曾子看來，實行仁德，是士人君子的必修課，也是一項需要貫徹終生的重大責任。如今，時代賦予「任」以新的含義，「任」可以是一切的責任和社會擔當，推動社會進步和民生幸福的重任。

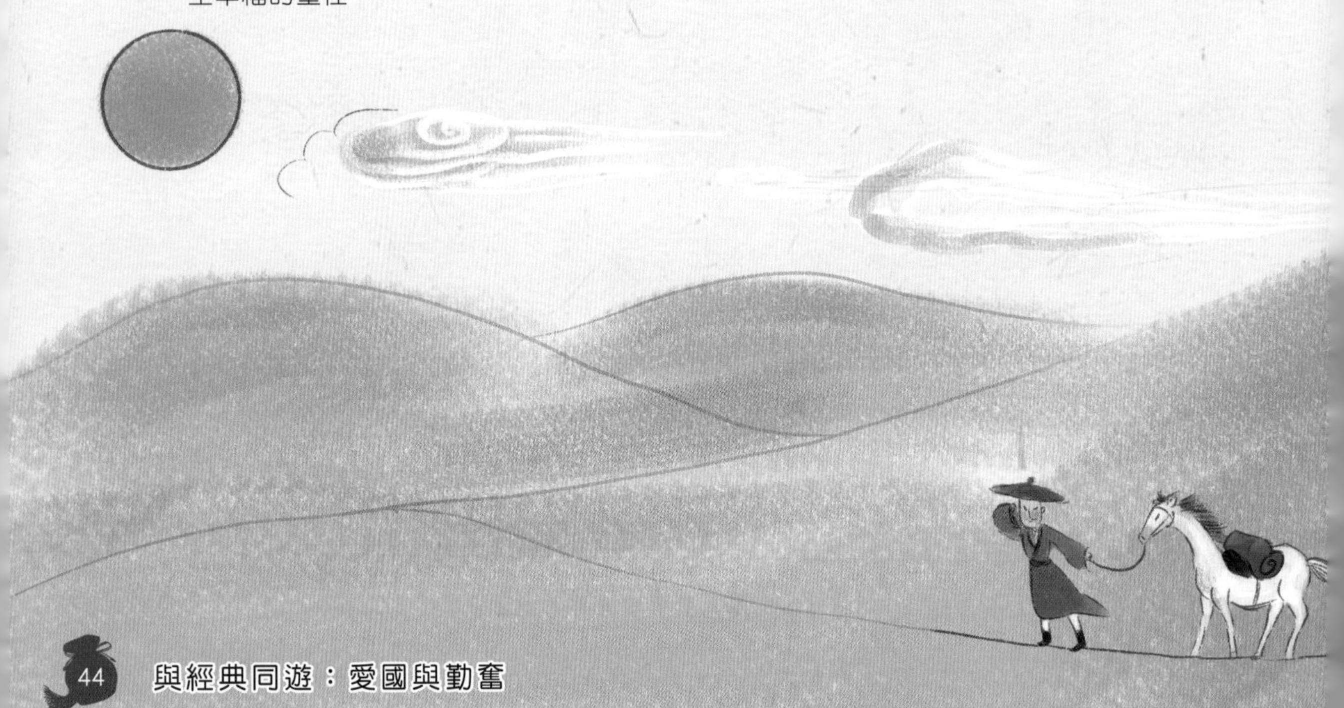

小拓展

10:15 5G　**任重道遠交流羣**（線上人數 5/55）　100%

孔子：任重道遠，是責任，也是信念。我的「任」，就是向天下人傳播「禮」與「仁」的思想，希望國君治理國家有禮有仁，百姓能夠安居樂業。

衛青：夫子弟子三千，周遊列國傳道，不愧「聖人」稱謂！我身為漢朝將軍，以保家衛國為己任，遠征漠北抗匈奴，守護北疆盡微力。

海瑞：俗話說，文死諫，武死戰。我海瑞一介文臣，眼看萬歲爺沉迷祈福不上朝，乾脆抬着棺材呈上《治安疏》，豁出去一死，希望萬歲爺能聽得進勸，為國家百姓而振作起來。

林則徐：我大清朝晚期，朝廷腐敗不說，還有西方列強虎視眈眈。更過分的是，西方國家竟向我國大量販賣鴉片煙，殘害我中華國民！我這一生，以禁鴉片煙和抵禦列強為己任，即便遭受誣陷、革職丟官，依然至死堅守原則。

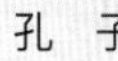

孔子：林大人虎門銷煙，不懼強權，不愧為民族英雄！

明熹宗朱由校：朕這輩子，以做木工活為己任，也算得上任重道遠啦！皇宮的大木牀又笨又沉，朕略微一琢磨，就親手製作出牀板可摺疊的新型木牀，牀架上還雕刻着各種花紋，栩栩如生，輕盈又漂亮。

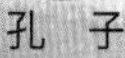

孔子：陛下，唉！您身為一國之君，本該以百姓社稷為己任，卻沉湎於個人愛好，任由宦官魏忠賢把持朝政，導致國勢衰落，還好意思說自己任重而道遠？

明熹宗朱由校：

孔子將「明熹宗朱由校」移出了羣組

第二篇

勤奮

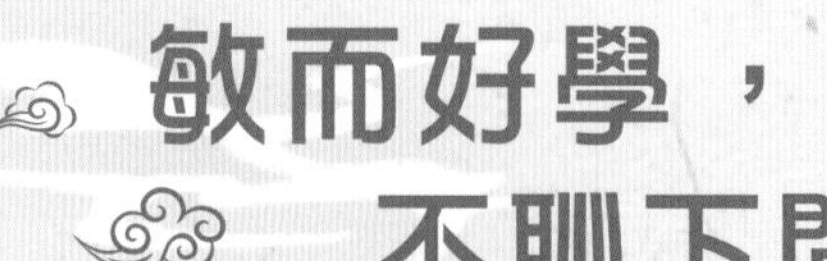

原文

子貢問曰：「孔文子[①]何以謂之『文』也？」

子曰：「敏[②]而好學，不恥下問，是以謂之『文』也。」

——《論語・公冶長》

注釋

① 孔文子：衞國大夫孔圉，「文」是謚號，「子」是尊稱。圉，粵jyu5(羽)；普yǔ。

② 敏：敏捷、勤勉。

孔子

孔氏名丘，字仲尼，春秋時期魯國人，思想家、教育家。周遊列國十四載，門下弟子三千眾，後人稱我孔聖人，兩千餘座孔廟祭我。

我是儒商鼻祖。

子貢

複姓端木，單名賜，字子貢，春秋末年衛國人，孔子得意門生，擅雄辯，入職魯、衛二國為相。端木遺風誠信經商，民間信奉財神之一。

我是……
他倆討論之人……

孔文子

孔氏名圉，謚號「文」，春秋時期衛國大夫，聰明好學且謙虛。

大典故

這段古文衍生出了兩個成語：

敏而好學

敏，聰明；好，喜好。意思是天資聰明而又好學。

不恥下問

意思是樂於向學問或地位比自己低的人學習，而不覺得不好意思。形容人謙虛好學。

小啟示

子貢問道：「為甚麼給孔文子一個『文』的謚號呢？」孔子說：「他聰敏勤勉而好學，不以向比他地位卑下的人請教為恥，所以給他謚號叫『文』。」

真正的大學問家，在學術上會精益求精，不斷完善認知，不恥下問，全方位汲取營養。

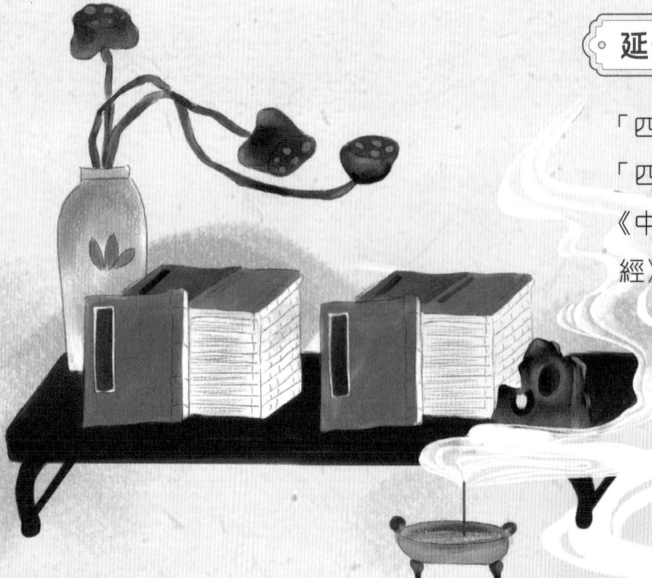

延伸學習：四書五經

「四書五經」指儒家經典著作，又分為「四書」與「五經」。四書，即《大學》《中庸》《論語》《孟子》；五經，即《詩經》《尚書》《禮記》《周易》《春秋》。

小拓展

12:16 5G 孔門弟子交流羣 (線上人數 5/108) 100%

老夫子(孔子)：今天的聊天主題：翅膀硬了以後，你們打算做甚麼？大家暢所欲言。

仲由(子路)：一個中等國家，夾在大國之間，受到別國欺負，國內又遭遇饑荒。這樣的國家，如果讓我來管，三年時間，就可以讓百姓團結起來抵抗外敵，而且還講禮貌。

冉求(子有)：一個小國家，讓我來管，三年時間，就可以使老百姓衣食充足。至於文藝娛樂，那只有另請高明了。

公西赤(子華，公西華)：我沒甚麼本事，但是我願意學。我喜歡做主持人，諸侯開會的時候，我願意穿着禮服，戴着禮帽，做一個小小的司儀。

曾點(曾皙)：暮春時節，天氣和暖了，春耕已過。我和五六個大人、六七個少年，到沂河裏游泳，在舞雩台上吹吹風，唱着歌回家。

老夫子(孔子)：哎——我和阿點想的一樣呢。

苟日新，日日新，又日新

原文

湯[①]之盤銘[②]曰：「苟日新，日日新，又日新。」《康誥》[③]曰：「作新民[④]。」《詩》[⑤]曰：「周[⑥]雖舊邦，其命惟新[⑦]。」是故君子無所不用其極[⑧]。

——《禮記・大學》

典籍

《禮記》——秦漢以前儒家學者解釋經書《儀禮》的文章選集，傳世有《大戴禮記》與《小戴禮記》。我們現稱的《禮記》，一般指《小戴禮記》，其內容側重闡明禮的作用和意義。

注釋

① 湯：指成湯，商朝開國君主。

② 盤銘：刻在器皿上用來警誡自己的箴言。盤，盥洗之盤；銘，刻在器物上的字。

③《康誥》：《尚書》中的一篇文章。

④ 作新民：使百姓棄舊迎新，棄惡從善。作，激勵，使……振作；新，自新。

⑤《詩》：指《詩經・大雅・文王》。

⑥ 周：指周朝。

⑦ 其命惟新：周朝統治者不斷革新自我，才得到上天的使命。其命，上天的使命；惟新，革新。

⑧ 無所不用其極：盡最大努力完善自我。

大人物

康叔

文王姬昌第九子，武王姬發同母弟。
武王建周封康地，建立康國稱康叔。
成王即位尚年幼，配合周公旦輔政。
三監之亂我平叛，改封衞國鎮東方。
周公歸政封司寇，掌管刑獄與訴訟。
剛正不阿處事公，輔佐成王有大功。

大典故

這段古文衍生出一個成語：

日新月異

新，更新；異，不同，變化。每天都在更新，每月都有變化，指發展或進步迅速。

小啟示

成湯刻在盥洗之盤上的箴言說：「如果能夠做到一天保持自我革新，那麼就要保持每一天都這樣革新，新上加新。」《尚書．康誥》說：「要激勵人們振作自新。」《詩經．大雅．文王》說：「周朝雖是一個舊的國家，但統治者不斷革新自我，秉承了上天的使命。」所以，品德高尚的人應盡最大努力去完善自我。

商湯以「日新」作為自己的座右銘；《康誥》激勵人們棄舊圖新；周朝雖然是舊邦，使命卻在革新。只有日新才會日進，不日新則會日退。

小拓展：「日日新君子」主題討論會

主持人：大戴、小戴

主　題：如何成為日日新的君子

參與者：曾參、周處（三國時吳國官員）

大　戴：謙謙君子，溫潤如玉，如何成為一名每天都在自我革新、進步的君子呢？

曾　參：三省吾身很關鍵。每天做到問自己三遍：為別人辦事盡力嗎？對朋友忠心嗎？老師教的東西都學會了嗎？做不到的地方及時改正。這樣一天天拷問靈魂、改變自己，成為日日新的君子，不難。

周　處：成為君子不容易，頓悟很關鍵！我少年時胡作非為，鄉親們把山裏猛虎、水中惡龍和我，並稱為「三害」。有一天，也不知誰想了個鬼主意，讓我去殺猛虎、除惡龍，希望我和牠們同歸於盡。等我歷盡辛苦宰了虎、斬了龍，興高采烈回來，正要炫耀呢，發現大家正慶賀「三害」死光了。這刺激太大了！我立馬決定從此要做個好人。於是，我開始勤奮學習，遵守聖賢之道，每天自我革新改變自己，終於成了人人稱頌、造福一方的父母官。

大　戴：曾子勤學不輟，堅持三省吾身，終於成為一代名儒，可敬。

小　戴：叔叔說得對！我覺得周處也很可敬。俗話說，學壞容易學好難，他能痛改前非，盡最大努力去完善自我，真應了那句「君子無所不用其極」呀！

博學之，審問之，慎思之，明辨之，篤行之

原文

博[1]學之，審[2]問之，慎[3]思之，明辨之，篤[4]行之。……人一能之，己百之；人十能之，己千之。果能此道[5]矣，雖愚必明，雖柔必強。

——《禮記‧中庸》

注 釋

① 博：廣博；廣泛。
② 審：詳細；有針對性。
③ 慎：謹慎；慎重。
④ 篤：堅定。
⑤ 道：方法；道理。

我是《大戴禮記》的「大戴」。

戴德

姓戴名德字延君，西漢末期河南人。開創禮學「大戴學」，精研《禮記》有心得。選編著作八十五篇，《大戴禮記》由此生。

我是《小戴禮記》的「小戴」。

戴聖

姓戴名聖字次君，我是戴德他親姪兒，叔姪一起學《禮記》，姪選著作四十九篇，同《大戴禮記》共問世。東漢鄭玄注解妙，《小戴禮記》廣流傳，位列九經十三經，暢行於世到今日。

大典故

這段古文衍生出兩個成語：

博學審問

審，詳細，周密。廣泛地學習，詳細地詢問。多形容求學的態度和方法。

慎思明辨

慎，謹慎；明，明白，清楚。謹慎地考慮並分辨清楚。

小啟示

人應廣泛地學習，詳細地探究，謹慎地思考，明晰地分辨，堅定地實行。別人付出一分努力能達到的，自己要付出百分努力；別人付出十分努力能做到的，自己就付出千分努力。如果能照這個方法去做，那麼即使是愚蠢的人也一定會變得聰明，即使是柔弱的人也一定會變得剛強。

事情的關鍵在於勤奮，能夠堅持不懈地去做，踏踏實實地努力，總會有成功的一天。

小拓展：孔子師生採訪記

孔　子：《儒家周報》請我寫一篇關於「慎思明辨」的專訪記錄，我要深入社區，挖挖寫作素材。

曾　子：老師，我也去！有事弟子服其勞，我幫您扛攝錄機！

採訪對象 1：宋國老丁

孔　子：老丁，聽說你上了宋國熱搜？

老　丁：（拍了下大腿）說起這事俺就鬱悶！俺在院裏挖了一口井，俺家人高興啊，說挖了水井，省下力氣就像得到一個幹活的人。結果呢，大家都說「老丁挖井挖出大活人」！

孔　子：這個說法太玄乎，沒人信吧？

老　丁：怎麼沒人信！俺們國君還專門派人問俺，挖出個甚麼樣的人呢！
曾　子：（噴水）噗！省了一個人的勞動力，竟然被傳成挖出了一個大活人！
孔　子：（面向鏡頭）老丁的故事告訴我們，遇到事情要考慮、分辨清楚再下判斷。

採訪對象 2：曾家老太太

孔　子：曾參，你為甚麼擋住為師不讓進？
曾　子：要採訪的這位老太太是……是我老媽。
孔　子：噢——為師想起來了，老人家誤會你殺了人。
曾　子：我曾參只殺過豬，哪裏殺過人！怪只怪我有個同鄉也叫曾參，他殺了人，鄰居們一傳十，十傳百，老媽以為是我，跳牆逃跑了……
曾家老太太：（打開門）臭小子！幹嗎怪別人和你同名？分明是你娘我沒有慎思明辨，輕信謠言！
孔　子：（面向鏡頭）老人家知錯能改，善莫大焉啊！

智能之士，不學不成，不問不知

原文

不學自知[1]，不問自曉[2]，古今[3]行事[4]，未之有也。夫[5]可知之事，惟[6]精思之，雖大無難；不可知之事，厲[7]心學問，雖小無易。故智能之士，不學不成，不問不知。

—— 漢・王充《論衡・實知》

典籍

《論衡》—— 東漢思想家王充撰寫的哲學著作。共三十卷，八十五篇，細說微論，解釋世俗之疑，辨照是非之理，即以「實」為根據，疾虛妄之言。

注釋

① 知：知道；明白。
② 曉：懂得；通曉。
③ 古今：從古到今。
④ 行事：已有的事例。
⑤ 夫：語氣助詞。
⑥ 惟：只要。
⑦ 厲：同「礪」，磨礪；砥礪。

大人物

王充

姓王名充字仲任，東漢時期上虞人。博覽百家熟經史，堅持世上無鬼神。褒古抑今不可取，今人進步勝古人。言論獨與世俗反，論著唯有《論衡》存。

大典故

這段古文衍生出一句名言：

不學不成，不問不知

學，學習；問，請教、詢問。不學習就不能成才，不詢問就不能知曉。

小啟示

不通過學習就能自己知道，不經過詢問就能自己通曉，從古到今已有的事例中，還沒有見到過這樣的。可以知道的事，只要精心思考它，事情再大也不難明白；不可以知道的事，用心學習、請教，事情再小也不容易弄懂。因此有智慧、有能力的人，不學習就沒有成就，不請教別人就不會知曉。

學習是獲得知識、增長智慧的必由之路，我們應敏而好學，好之樂之。

延伸學習：甚麼是謚號？

謚號是君主時代人死之後，後人依其生前事跡給予評價的文字。謚號高度概括一個歷史人物的生平。

一般來說，皇帝、嬪妃以及國家重臣等社會地位比較高的人物，在去世之後才會擁有謚號。一起看看下面幾個歷史上著名人物的謚號吧。

1 「先天下之憂而憂，後天下之樂而樂」的范仲淹，謚號「文正」，他的詩文集《范文正公文集》，就是後人根據他的謚號來命名的。

2 文韜武略的抗金名將岳飛，謚號「武穆」，金庸的小說裏出現過的《武穆遺書》，就是根據岳飛的謚號來命名的。

3 以「莫須有」罪名害死岳飛的秦檜，謚號先是「忠獻」，後來又謚「謬醜」，接下來改回「忠獻」，最後又謚為「謬狠」—— 後人對秦檜的評價經歷了一個相當糾結的過程啊，但最終以奸臣為其蓋棺論定。

小拓展：打假隊工作日誌

打假對象：孔子

打假隊隊長：王充

執法記錄：

王　充：孔夫子，你涉嫌言論造假，誤導後輩。

孔　子：王隊長，我一生坦坦蕩蕩，絕無半句虛言。

子　路：（唸）「不知何一男子，自謂秦始皇，上我之堂，踞我之牀，顛倒我衣裳，至沙丘而亡。」哇！老師真厲害！您預料到後世有個秦始皇，他去魯國瞻仰您的住宅，還在沙丘去世了。

王　充：厲害甚麼！前 246 年，秦始皇一路出遊，最後在沙丘（今河北廣宗境內）病死，根本就沒去孔子家！

子　路：可你們東漢好多人都說秦始皇到過我老師家。

王　充：假的！就因為這條不靠譜的讖言，有人據其編造假歷史，宣揚聖人不用學習就能知道一切。害得好多年輕人盲目崇拜聖人，都不踏踏實實學本事啦！

孔　子：這⋯⋯這讖言不是我留的，我也沒有天生通曉知識，所有學問，都是我踏踏實實學、誠誠懇懇問才得來的呀！

子　路：對對！王隊長你沒聽過嗎？「子不語怪力亂神」，我老師從來不談論這些神神道道的東西！

王　充：原來孔夫子被人侵犯了姓名權。我已幫你們撥打了投訴電話，你們師徒快去維權吧！

志當存高遠

原文

夫志當存①高遠，慕先賢，絕情欲，棄凝滯②，使庶幾③之志，揭然④有所存，惻然⑤有所感；忍屈伸，去細碎⑥，廣咨問，除嫌吝⑦，雖有淹留⑧，何損於美趣，何患於不濟⑨。

—— 三國．諸葛亮《誡外甥書》

典籍

《誡外甥書》—— 也題作《誡外生書》，是諸葛亮寫給外甥龐渙的書信，教導龐渙立志成才的道理。

注釋

① 存：懷着，懷有。
② 凝滯：代指鬱結在心中的俗念。
③ 庶幾：接近，差不多。
④ 揭然：高舉的樣子；顯現。
⑤ 惻然：懇切的樣子。
⑥ 細碎：指各種雜事。
⑦ 嫌吝：怨恨恥辱。
⑧ 淹留：埋沒。
⑨ 濟：成功。

諸葛亮

複姓諸葛，單名亮，字孔明，時人稱我為臥龍，滿腹才學曉軍事，輔佐劉備建蜀漢，鞠躬盡瘁輔幼主，伐魏不成身先死。

龐渙

姓龐名渙，字世文，舅舅「臥龍」諸葛亮，堂叔「鳳雛」龐士元。做過西晉牂牁郡太守。

這段古文衍生出一個成語：

志存高遠

志，志向；存，懷有。立下遠大的志向，形容有雄心壯志。

小啟示

人應當樹立遠大的理想，追慕先賢，節制慾望，去掉胸中俗念，使幾乎接近聖賢的那種高尚志向，在身上顯現出來，讓心靈有所震撼；要能屈能伸，從容應對順境與逆境，擺脫瑣碎雜事，廣泛向人請教，根除自己怨天尤人的情緒。做到這些以後，雖然也有可能在事業上停步不前，但哪裏會折損自己高尚的情操，又何必擔心不成功呢！

諸葛亮以書信的形式諄諄教導外甥龐渙，勉勵他樹立高遠的志向。有了高遠的志向，遇到困難和挫折的時候才不至於一蹶不振，才有堅持下去的動力。

延伸學習：古人的「號」

古人除了名和字以外，還流行取「號」，也就是外號。自己取的號稱自號，別人取的號叫贈號。

1 地點類：蘇軾被貶謫到湖北黃州，在黃州城東面開墾了一塊坡地，號「東坡」。

2 興趣志向類：唐寅喜歡桃花，號「桃花仙人」；賀知章性格瀟灑愛自由，號「四明狂客」。

3 謚號封號類：杜甫做過檢校工部員外郎和左拾遺，號「杜工部」、「杜拾遺」；陶淵明謚號為靖節，被稱為「靖節先生」。

4 推崇類：諸葛亮、龐統、姜維和司馬懿四人才幹卓絕，分別被稱為「臥龍」「鳳雛」「幼麟」「家虎」。

小拓展：三國人物話立志

諸葛亮：悠悠兩千載，人事多變換。今日重聚首，把酒話當年。

馬　謖：丞相，我胸懷大志，滿腹韜略，就是沒趕上好時候。

諸葛亮：你還好意思說！主公說你言辭浮誇、不堪大用，我還不信。結果你分明是好高騖遠，耍嘴第一名，實幹全不行，白白把街亭送給魏軍！歷史要能重來，我還得殺你一次！

曹　操：我在《短歌行》裏說了，「周公吐哺，天下歸心」，立志要像周文王一樣，讓天下人臣服。不過，我到死也沒好意思稱帝。好在曹丕這小子比我臉皮厚，直接廢掉漢獻帝建立曹魏，我也算壯志得酬啦！

劉　備：還記得小時候，我家門前有棵樹，樹冠可大了，像皇帝坐的專車。我指着樹冠對小夥伴們說：「日後我一定會乘坐『羽葆蓋車』。」事實勝於雄辯，我成了蜀漢皇帝。只可惜兒子阿斗不爭氣！

鐵杵成針

磨鍼[①]溪，在象耳山下。世傳李太白[②]讀書山中，未成，棄去。過是溪，逢[③]老媼[④]方[⑤]磨鐵杵[⑥]，問之，曰：「欲作針。」太白感其意，還[⑦]卒[⑧]業。媼自言姓武，今溪旁有武氏巖。

—— 宋・祝穆《方輿勝覽》

典籍

《方輿勝覽》—— 南宋祝穆編寫的地理類書籍，包括了地名以及相關的人物、風俗、景物等內容。

注釋

① 鍼：同「針」。粵 zam1(針)；普 zhēn。
② 李太白：即唐代詩人李白，字太白。
③ 逢：碰上。
④ 媼：老婦人。粵 ou2(襖)；普 ǎo。
⑤ 方：正在。
⑥ 杵：一頭粗一頭細的圓棒，多用來碾壓米粒或捶打衣服。
⑦ 還：回去。
⑧ 卒：完成。

大人物

我是記載地理故事的人。

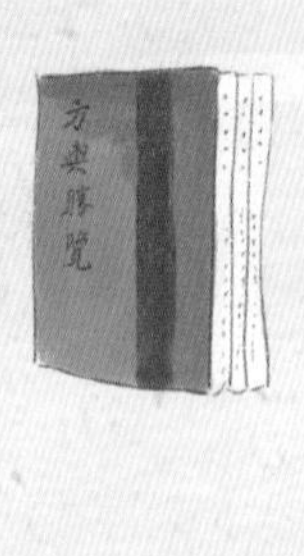

祝穆

姓祝名穆字和甫，南宋江西婺源人。師從朱熹讀萬卷，往來吳越訪名勝。晚年潛心編著作，著書兩本廣流傳：《事文類聚》集古文，搜古囊今範圍廣；《方輿勝覽》述地理，風物名勝齊留存。

大典故

這段古文衍生出一句俗語：

只要功夫深，鐵杵磨成針

只要下定決心，肯花時間和精力去做，鐵棒也能磨成繡花針。比喻只要肯努力，再難的事情也能夠成功。

小啟示

磨鍼溪，在象耳山山腳。相傳李白曾在山中讀書，學業還沒完成，就放棄離開。李白路過這條小溪時，碰到一位老婦人正在磨鐵棒，李白問她在幹甚麼，老婦人說：「想把它磨成針。」李白被老婦人的精神感動，返回山中完成學業。老婦人說自己姓武，至今磨鍼溪邊還有一塊叫武氏巖的巖石。

這個李白路遇老媼磨針的故事激勵我們做事情要善始善終，持之以恆。

延伸學習：古代稱呼與現代稱呼

李白遇到的老婦人，古代稱「媼」，如果他遇到的是位老爺爺，就要稱「翁」啦！我們一起來看看古今稱呼的不同吧——

現代	古代
老師	夫子、西席、先生等
我	吾、余、愚、予、不才、在下、鄙人等
你	汝、爾、公、君、閣下、足下等
你爸	令尊、令嚴
我爸	家父、家嚴、家翁、家公等
你媽	令堂、令慈等
我媽	家母、家慈

現代	古代
你哥你姐你弟你妹	令兄；令姊；令弟；令妹
我哥我姐我弟我妹	家兄；舍姊；家弟；舍妹
你妻子	令正、令閫
我妻子	拙荊、內子、賤內
你丈夫	尊夫、令夫
我丈夫	拙夫、外子
你兒子	令郎
我兒子	犬子、小兒
你女兒	令愛、令嫒
我女兒	息女、小女

小拓展：武氏巖旁擂台賽

李　白：磨針精神誰更佳，大夥一起來切磋。今日擺個小擂台，勝者獎勵我珍藏的好酒！

王羲之：我喜歡練字，用禿的毛筆堆成「筆山」，沖洗筆硯的小水池染成「墨池」。有一次，丫鬟給我送來饅頭和蒜泥。我這正琢磨書法呢，拿起饅頭蘸蘸就吃，居然把墨汁當成了蒜泥，吃了個大黑嘴……

懷　素：我最愛狂草。可我打小就當了和尚，哪有錢買紙練字啊！於是，我在寺院附近種了一大片芭蕉樹，拿筆墨往芭蕉葉上寫字，不管烈日寒風，沒一天間斷。

唐伯虎：我跟著名大畫家沈周學畫畫。學着學着，我覺得老師教的不算甚麼，自己全會！老師看我這尾巴翹上天的樣子，就讓我去開窗戶，我一推，才發現窗戶竟是假的！是老師畫的！從那以後，我就踏踏實實學本事，再也不驕傲自滿啦！

李　白：比起王兄和唐老弟，懷素大師尤為勵志，這瓶好酒就給了他吧！

天行健，君子以自強不息

《象》[1]曰：天[2]行[3]健[4]，君子以自強不息。

——《周易·乾卦》

典籍

《周易》——亦稱《易經》。儒家重要經典之一，內容包括《經》和《傳》兩部分，通過八卦形式推測自然和社會的變化。

注釋

①《象》：《象傳》，古代用來解釋卦象、卦義的書，又分《大象傳》和《小象傳》。這裏指《大象傳》。

② 天：天道。

③ 行：動詞，運行不息。

④ 健：剛強勁健。

姬昌

殷商諸侯周國王，敬老慈少禮下士。重用姜尚羣賢至，開疆拓土國力強。推演《周易》六十四卦，推行周禮與中道，世人尊稱周文王。

大典故

這段古文衍生出一個成語：

自強不息

指自覺奮發努力，永不懈怠。

小啟示

君子應效法天道剛健有為的精神，發憤圖強，自強不息；君子應效法地道厚實和順的精神，增厚美德，容載萬物。人只有自強自重，才能遠離侮辱。

小拓展：三人團出國記

司馬遷：不是我不明白，這世界變化快！嘖嘖，在山的那邊海的那邊，竟然有如此之多的國度，好想去參觀！

唐玄奘：阿彌陀佛，想參觀就走吧，再遠的路，也擋不住貧僧的腳步。

周文王：莫急，都 21 世紀了，遠路用不着走。喏，三張機票，搞定！

德國，柏林，柏林音樂廳。

唐玄奘：（不自在地摸着領帶）阿彌陀佛，脖子上吊着一根帶子好難受，哪裏趕得上佛珠，好看又好摸。

司馬遷：（撣了撣西服領子，正襟危坐）異域人的頭髮和眼珠有好幾種顏色，長得和咱中華人士不一樣，稀罕！

周文王：噓！二位少安毋躁，聽！

「噹噹噹噹！噹噹噹噹！……」《命運交響曲》旋律響起。

唐玄奘：阿彌陀佛，貧僧竟然流淚了⋯⋯

司馬遷：2000 多年了，我突然想起寫《史記》的那段日子⋯⋯

音樂會結束，三人團在柏林街頭的街心公園歇息。

司馬遷：我這小心臟，到現在還怦怦直跳，激動得不行。文王，這調子叫甚麼？

唐玄奘：聽了這旋律，貧僧似乎回到當年取經時，在茫茫大沙漠中一步一步往前挨，挪一步，再挪一步，直到看見水源。

周文王：三藏法師，您從長安（今陝西西安）直至當時印度佛教中心那爛陀寺，一路上跋山涉水，過流沙、天山、大雪山，行程 1 萬 3 千多公里，歷時 16 年，帶回佛經 657 部，毅力和勇氣非常人能及。

唐玄奘：哪裏，這是貧僧身為佛家子弟的本分。太史公為好友李陵將軍辯護，激怒漢武帝，遭受宮刑身體殘缺，卻依然忍受屈辱，以堅忍不拔的意志完成《史記》，讓人感動欽佩！

周文王：毫無爭議，您二位都是自強不息的典範。剛才這首曲子叫《命運交響曲》，它的創作者，德國人貝多芬也稱得上是命運的鬥士！

司馬遷：聽曲調就不一般！您快說說！

周文王：這位貝多芬是音樂天才，八歲開始登台演出，聲名鵲起。但天妒英才，他二十六歲那年，竟然患上耳疾，漸漸喪失了聽力。《命運交響曲》，就是他在失聰後寫的。

周文王：貝多芬雖然沒了聽力，卻用整個生命和全部激情去感受音樂的世界。他曾說，要「扼住命運的咽喉」，他做到了！

司馬遷：自強不息，不向命運屈服，貝多芬，真英雄啊！

不怨天，不尤人

原文

子曰：「莫我知也夫！」子貢曰：「何為其莫知子也？」子曰：「不怨天，不尤[1]人，下學而上達。知我者其天乎！」

——《論語・憲問》

注釋

① 尤：怨恨，責怪。

我是惹孔子感慨的人。

大人物

鉏商

魯國貴族去打獵，我為叔孫氏趕車，無意捕獲一異獸，
大夥都說不吉利，孔子趕來觀異獸，判斷牠是一麒麟，
西狩獲麟孔子歎，對子貢說「莫我知」。

小啟示

孔子感歎道：「沒有人了解我啊！」子貢說：「為甚麼沒有人了解您呢？」孔子說：「我不怨恨上天，不責怪別人，不懈地學習並且通達透徹地明白事理。了解我的大概只有天吧！」

重於責己，努力修己，通過自身修養，使人性得到全面發展，從而塑造一種更理想的人格。

小拓展：項羽 VS 朱元璋

擂台比拼第一項：武力值（20分）

項　羽：鉅鹿之戰破秦軍，秦滅之後領諸軍，力拔山兮氣蓋世，西楚霸王就是我。

朱元璋：我加入郭子興義軍，打仗時出名地不要命。我先稱吳王，又建立大明朝。

子　貢：項羽9分，朱元璋7分。

孔　子：楚霸王確實很能打，比明太祖武力值高，無異議。

擂台比拼第二項：親和值（30 分）

項　羽：我有個謀士叫范增，天天在我耳邊唸叨：「殺劉邦殺劉邦殺劉邦……」說來說去就這一件事，忒囉唆！

朱元璋：感謝徐達、劉基、李善長、常遇春，他們的主意我基本都採納，最終贏得天下！

子　貢：項羽 10 分，朱元璋 20 分。

孔　子：楚霸王不聽諫言，鴻門宴放走劉邦，疏遠范增，剛愎自用，親和值不及格！明太祖打天下時知人善任，得天下後卻大殺功臣，心胸未免過於狹窄，20 分太高，扣 2 分！

擂台比拼第三項：逆境商（50 分）

項　羽：劉邦小兒太奸詐，垓下之戰可把我打慘了！烏江亭長勸我渡過烏江再稱王，我一想，這是天要亡我，渡江有何用？乾脆自我了斷，十八年後又是一條好漢！

朱元璋：我家特別窮，爸爸媽媽兄弟姐妹基本都餓死了。沒辦法，我只好去當和尚。當時天下大亂，我一想，亂世造英雄，拼了！

子　貢：項羽 30 分，朱元璋 50 分。

孔　子：明太祖不怨天尤人，奮鬥不息，由乞丐逆襲成皇帝，逆境商相當高，妥妥 50 分，勵志！楚霸王的爺爺是楚國名將項燕，開始打仗時又有叔叔項梁護着，後來更是統率兵馬實力強橫，可他非把一手好牌打稀爛！敗退時，恨劉邦，怨上天，最後一死了之，連捲土重來的勇氣都沒有，10 分！

子　貢：現在宣讀結果 —— 項羽 VS 朱元璋，朱元璋完勝！

生於憂患而死於安樂

原文

孟子曰：「舜發於畎畝[①]之中，傅說[②]舉於版築[③]之間，膠鬲[④]舉於魚鹽之中，管夷吾[⑤]舉於士，孫叔敖舉於海，百里奚舉於市。故天將降大任於是人也，必先苦其心志，勞其筋骨，餓其體膚，空乏其身，行拂[⑥]亂其所為，所以動心忍性，曾[⑦]益其所不能。人恆過，然後能改；困於心，衡[⑧]於慮，而後作；徵於色，發於聲，而後喻。入則無法家拂士[⑨]，出則無敵國外患者，國恆亡。然後知生於憂患而死於安樂也。」

——《孟子·告子下》

注釋

① 畎畝：耕田。畎，田間水渠。粵 hyun2（犬）；普 quǎn。
② 傅說：商王武丁的國相。說，粵 jyut6（悅）；普 yuè。
③ 版築：古人壘牆時，用兩版夾實，中間填土夯實。
④ 膠鬲：商紂王時賢臣。鬲，粵 gaak3（格）；普 gé。
⑤ 管夷吾：即管仲，曾被齊桓公囚禁。
⑥ 拂：違背。
⑦ 曾：同「增」，增加。粵 zang1（增）；普 zēng。
⑧ 衡：同「橫」，阻擋，不順。
⑨ 拂士：弼士，拂，同「弼」。粵 bat6（拔）；普 bì。輔弼的賢才。

大人物

百里奚

姓姜名奚氏百里，春秋時期虞國人。曾在虞國任大夫，晉國滅虞淪為奴，後來出逃至楚國，楚王讓我去養牛。秦王賞識欲用我，五張羊皮將我贖，歸秦官拜上大夫，獲名號「五羖（黑公羊）大夫」。

大典故

這段古文衍生出一個成語：

動心忍性

歷經困苦而磨煉身心。

小啟示

孟子說：「舜從田畝中興起為王，傅說曾是築牆工匠而被舉用，膠鬲曾販魚賣鹽而被舉用，管夷吾曾為囚徒而被舉用，孫叔敖曾隱居在海濱而被舉用，百里奚曾淪為奴隸而被舉用。所以說上天降臨重任給某人，必定先磨礪他的心志，疲勞他的筋骨，飢餓他的身體，窮困他的生活，影響擾亂他的行為，來觸動他的內心，堅忍他的性格，增加他以前不具備的才能。人常會犯錯，犯錯後才能改正；內心困頓，思維阻塞，才能有所奮發；顯露在形貌上，流露在言談中，才能被人知曉。一個國家，國內沒有執法的嚴臣、輔弼的賢才；國外沒有與之抗衡的國家、外在的憂患，這樣的國家常常會很快滅亡。由此得知，憂患促人、國家奮發，安逸使人、國家敗亡。」

延伸學習：古代大夫會治病嗎？

百里奚當過秦國上大夫，這「大夫」是做甚麼的？這個大夫可不是醫生，而是古代官職的一種。先秦時期，諸侯國在國君下，設有卿、大夫和士等官職，上大夫僅次於卿。

後來，大夫在不同朝代的含義各有不同。有時指官職，比如諫議大夫、御史大夫等；有時指知識分子或官員，稱為士大夫。

小拓展：孟子線上直播課

孟　子：生於憂患，死於安樂，這可是顛撲不破的真理，誰來舉個實例？

嘟嘟嘟——

伍子胥（吳國大夫）、勾踐（春秋時期越國國君）提出連線申請。

勾踐已接通。

勾　踐：孟夫子好！我是生於憂患的教科書式範例！想當年我敗給夫差那小子，他居然讓我給他餵馬駕車整兩年！回國後，我睡在柴草上，吃飯前先舔口苦膽，提醒自己勿忘恥辱。就這樣，我勵精圖治，終於滅了吳國！

伍子胥已接通。

伍子胥：孟夫子好！我家大王夫差，活脫脫是死於安樂的現身說法！打敗越國時，我讓他斬草除根滅了越國，他非要接受投降！納降也就罷了，人家越王臥薪嘗膽，厲兵秣馬，他倒好，縱情聲色，聽信讒言戮害忠臣，到底讓越國給滅了！

及時當勉勵，歲月不待人

原文

人生無根蒂[1]，飄如陌[2]上塵。分散逐風轉，此已非常身。落地[3]為兄弟，何必骨肉[4]親！得歡當作樂，斗酒聚比鄰。盛年不重來，一日難再晨。及時當勉勵，歲月不待人。

—— 晉·陶淵明《雜詩十二首·其一》

典籍

《雜詩十二首》—— 東晉田園詩人陶淵明所寫的十二首詠懷詩。

注釋

① 無根蒂：沒有根和蒂，形容漂泊不定。根，植物扎在土壤內的部分，為植物提供生長所需營養；蒂，指花或果實與莖、枝幹相連的地方。

② 陌：道路。

③ 落地：出世，誕生。

④ 骨肉：有血緣關係的親人。

陶淵明

姓陶名淵明又名潛，元亮為字號五柳；
自幼厭俗愛丘山，三度入仕又辭別。
正式歸隱居田園，親身勞作意悠閒。
吟詩作賦百餘首，後人為我結成集。
《陶淵明集》傳後世，隱士之名動千秋。

大典故

這段古文衍生出一句珍惜時間的名言：

及時當勉勵，歲月不待人

要珍惜時光奮發上進，歲月從不會等待任何人。指年輕人不要虛度光陰，必須及時努力、力求上進。

小啟示

人生在世就像失去根蒂的植物，漂泊不定好比道路上的灰塵。命運變幻莫測，人們隨風飛轉，早已不再是當初的自己。每個人出世那天起就該彼此成為兄弟，何必拘泥於骨肉相連的血緣親情！遇到高興事應當及時行樂，得到美酒就去歡聚暢飲。青春不會重來一遍，一天沒有兩個早晨。要珍惜時光，歲月從不會等待任何人。

採菊東籬下，悠然見南山。

——晉．陶淵明《飲酒》

明月松間照，清泉石上流。

——唐．王維《山居秋暝》

梅子金黃杏子肥，麥花雪白菜花稀。

——宋．范成大《四時田園雜興》

綠樹村邊合，青山郭外斜。

——唐．孟浩然《過故人莊》

綠遍山原白滿川，子規聲裏雨如煙。

——宋．翁卷《鄉村四月》

小拓展：珍惜光陰小能手

陶淵明：一寸光陰一寸金，寸金難買寸光陰！這時間啊，比那黃金還寶貴。畢竟，黃金沒了可以再掙，時間沒了，多少黃金也沒地方買去！今天，咱們三個聚在我家，交流交流珍惜光陰的經驗。二位先聊，我去殺隻雞，採點蘑菇。

達爾文：我寫《物種起源》的時候，覺得睡覺是最浪費時間的事！地球上的生物太奇妙啦！我白天也觀察，晚上也觀察，每天睡眠不超過 5 小時！就算生重病，我依然堅持觀察，一秒鐘也不浪費，直到走到生命的終點。

司馬光：重要事情說三遍：時間不夠用！時間不夠用！時間不夠用！可人總要睡覺啊！於是，我用一根圓溜溜的木頭當枕頭。每次我一翻身，木頭滾了，我也醒了，就趕緊爬起來看書。說實話，我能寫成《資治通鑒》，不是我多聰明，而是因為我比別人會珍惜光陰！

陶淵明：我陶五柳也是駕馭時間的一把好手，瞧，就在你們聊天這會兒，我寫了三首詩，還幹了個小家務——鮮菇雞湯，出鍋嘍！

少年易老學難成，一寸光陰不可輕

原文

少年[1]易老學[2]難成，一寸光陰[3]不可輕[4]。未覺池前梧[5]葉已秋聲。

—— 宋・朱熹《偶成》

典籍

《偶成》—— 南宋朱熹寫的一首七言絕句。

注釋

① 少年：少年人，指青春時光。
② 學：學業。
③ 一寸光陰：指太陽的影子移動一寸所用的時間，形容時間非常短暫。
④ 輕：輕視，忽視。
⑤ 梧：梧桐樹，落葉喬木，古人用梧桐落葉比喻秋天到來。

我是科舉教材編委會委員長。

大人物

朱熹

姓朱名熹字元晦，還有一字叫仲晦。南宋徽州婺源人，在今江西上饒市。歷經四朝資格老，集合理學成體系。開創學派名紫陽，講學草堂稱晦庵。校訂四書寫注釋，科舉用來做教材。存世著作六百卷，世人尊我為朱子。

大典故

這段古文借用了一個典故：

池塘春草

南北朝時期，有位文學家叫謝惠連，他家族中的哥哥謝靈運是著名詩人。謝靈運非常欣賞謝惠連的才華，經常說，只要面對謝惠連就能寫出好句子。有一次，謝靈運在永嘉西堂醞釀詩篇，想了整整一天也沒擠出半點靈感，只好洗洗睡了。這一睡不要緊，他夢到了謝惠連，腦中當即湧現一句「池塘生春草」。後來，他多次感歎這句詩是神仙的功力，不是他自己的語言。

此後，人們經常用「池塘春草」的典故來形容佳句好詞妙手偶得，也用來詠歎春天景色，懷念兄弟。

小啟示

青春時光轉瞬即逝，學業卻很難獲得成功；珍惜每一寸光陰吧，不要貿然輕視時間。還沒從池塘生春草的美夢中醒來，台階前的梧桐葉已在秋風吹拂下發出沙沙響聲。不知不覺時光就從春天跨到秋天，年輕的學子們應當珍惜時間，增進學業。

小拓展：蜀漢先主邂逅明太祖

明太祖朱元璋：咦！前面不是蜀漢先主嗎？

蜀漢先主劉備：幸會！原來是明太祖。唉！

明太祖朱元璋：先主為何歎氣？

蜀漢先主劉備：兒子阿斗不爭氣啊！朕夙興夜寐打下基業，被他斷送得乾乾淨淨！亡國也就罷了，魏國太強大，形勢比人強。可這不肖子當俘虜後，竟然虛度光陰只知享受，還留下個成語「樂不思蜀」！唉！

明太祖朱元璋：同感！您是皇叔，我朱元璋只是鄉下窮小子，開創大明多不容易！有一年，我 8 天批閱了 1100 多件奏摺，平均每天處理事情近 400 件，一個時辰都不敢浪費。結果呢？我這後代明神宗朱翊鈞，竟然連續 30 多年不上朝！從那以後，我大明國運就開始走下坡路啦！

蜀漢先主劉備：身為一國之君，卻如此懶政，國勢傾頽不稀奇。

明太祖朱元璋：唉！慚愧！

有恆則斷無不成之事

原文

蓋[①]士人[②]讀書，第一要有志，第二要有識，第三要有恆。有志則斷[③]不甘為下流；有識則知學問無盡，不敢以一得自足，如河伯之觀海[④]，如井蛙之窺天[⑤]，皆無識者也；有恆則斷無不成之事。此三者缺一不可。諸弟此時惟有識不可以驟幾[⑥]，至於有志有恆，則諸弟勉之[⑦]而已。

——清．曾國藩《曾國藩家書》

典籍

《曾國藩家書》── 晚清名臣曾國藩寫給家人的書信集，收錄書信近 1500 封。所涉及內容廣泛，是曾國藩一生的主要活動和其政治、治家、治學之道的生動反映。

注釋

① 蓋：副詞，用在句首，表示下面說的話帶有推測性。
② 士人：文人，讀書人。
③ 斷：副詞，表示絕對。
④ 河伯之觀海：出自《莊子・秋水》：河伯（黃河神）認為秋水漲時的浩蕩黃河已是天下至美，直到看見無邊無涯的大海，才知自己見識短淺。
⑤ 井蛙之窺天：出自《莊子・秋水》：生活在井底的青蛙受居所限制，不了解井口外的廣闊天地。
⑥ 驟幾：很快達到。
⑦ 勉之：努力去達到。

曾國藩

姓曾雙名為國藩，伯涵為字號滌生。文韜武略皆出色，組建湘軍籌水師，主辦洋務思維新，立德立功與立言。死後謚號為「文正」，傳世《曾文正公集》。

這段古文傳達了一個觀點：

學貴有恆

恆，恆心。學習最可貴的是有堅持不懈的恆心。

小啟示

士人讀書，第一要有遠大志向，第二要有遠見卓識，第三要有恆心毅力。有志向就絕對不會甘心淪落至微賤境地；有識見就能知曉學問無窮盡，不敢一有進步就滿足，譬如河伯觀海中的黃河神，井蛙窺天中的井底蛙，都是沒識見的典範；有恆心就絕對沒有幹不成的事。這三種品質，缺一不可。諸位弟弟在當前的年齡，唯獨識見心胸不可速成，至於有志向和有恆心，希望你們勉力而行，努力去做到。

曾國藩在政務之餘，時常寫家書勉勵諸弟。在這封書信裏，他勉勵諸弟要立大志，有恆心。

延伸學習：晚清四大名臣

又稱晚清中興四大名臣，分別是曾國藩、左宗棠、李鴻章、張之洞。曾國藩文才出眾，戰功赫赫；左宗棠平息阿古柏之亂，艱難收復新疆；李鴻章建立西式海軍北洋水師；張之洞督建盧漢鐵路，創辦一系列學習西方先進科學知識的新式學堂，培養了大批人才。

小拓展：堅持不懈訪談錄

曾國荃：大家好，我是曾國藩的九弟曾國荃。我文有《曾忠襄公奏議》傳世，武曾戰功彪炳，因擅長挖戰壕圍城得名「曾鐵桶」。

曾國藩：九弟，別表功，說正事。

曾國荃：遵命！今天，我作為特邀記者，就「堅持不懈」這個主題訪談我老哥。曾大人，您這一生戎馬倥偬，政務繁雜，怎麼還有精力寫那麼多文章呀？有甚麼祕訣？是比別人聰明嗎？

曾國藩：無他，恆心而已。有三件事，不管多忙我都日日堅持：記下茶餘飯後的交談、讀史書十頁、寫日記。至於聰明，呃……

曾國荃：我替老哥說吧！曾大人小時候，記東西有點慢。有一次，他有篇文章怎麼也背不過，只好深夜反覆誦讀。當時他房裏藏了一個賊，本想等老哥睡着偷點東西呢，結果賊都聽得會背了，老哥還在讀……

曾國藩：咳咳，剩下的我自己說。這個小賊憤而現身，指着我鼻子大罵我笨，還把我久背不過的文章熟背一遍，揚長而去。慚愧啊！

曾國荃：可是，老哥您沒有放棄自己，依然堅持不懈，苦讀不輟，終於成為一代名臣！

窮則變，變則通，通則久

神農氏沒[①]，黃帝、堯、舜氏作。通[②]其變，使民不倦[③]。神而化之，使民宜[④]之。《易》窮[⑤]則變，變則通，通則久。是以自天祐之，吉無不利。

——《周易．繫辭下》

注釋

① 沒：通「歿」，去世。粵 mut6（末）；普 mò。
② 通：通暢，順達。
③ 倦：懈怠，倦怠。
④ 宜：適合，適宜。
⑤ 窮：極，盡。

黃帝

本姓公孫又改姬，住軒轅丘氏軒轅。
阪泉冀州與涿鹿，大戰炎、蚩統華夏。
親手植下一株柏，至今蒼鬱在黃陵。
發明水井度量衡，妻子嫘祖始養蠶。
修纂《黃帝內經》成，世人尊我華夏祖。

小啟示

神農氏去世後，黃帝、堯、舜相繼興起成為統治天下的人。他們通暢地改變前代的制度，讓百姓進取不懈怠。改變的方法神妙且在不知不覺中潛移默化，使百姓很好地適應。《周易》的道理是在無路可走時生出變化，變化就會通達，通達才能保持長久。人們遵循這個道理，所以能夠從上天獲得庇佑，吉祥而無往不利。

小拓展：有個茶館名「轉彎」

鯀：唔，陸游的這句詩我很喜歡：「山重水複疑無路，柳暗花明又一村。」前方無路可走的時候，不妨轉個彎，就有新景象了嘛！

伯　樂：老太爺，您怎麼在這山旮旯開起茶館來了？

鯀：唉！說多了都是淚啊！身為黃帝的後代，我治理洪水一敗塗地。我尋思，這洪水氾濫，用土堵住，不讓它到處流就行了唄？結果我左堵右堵，上堵下堵，洪水卻越來越厲害！我偷走天帝能夠不斷產生土壤的息壤，結果還是不管用，還被天帝派人宰了！幸好兒子大禹知道變通，換成挖開河道疏通的辦法，成功平息了洪水。這不，我痛定思痛，就開了這家「轉彎」茶館，提醒人們變通很重要。

伯　樂：說到變通，您兒子是正面範例，我兒子卻是個妥妥的反面教材！我擅長相馬，寫有一部《相馬經》，還配了圖。這好馬嘛，都有幾個共同特點：額頭高，眼睛亮，蹄子大。長得那叫一個精神！我兒子看完《相馬經》，在路邊抓了隻癩蛤蟆，回家告訴我：「老爸，您看這匹千里馬多棒！額頭高高隆起，眼睛又大又亮，除了蹄子小點，沒毛病吧？」哎喲喂！這熊孩子可氣死我了！這下可好，爺倆一起名揚後世，我以相馬出名，兒子按圖索驥、不知變通的行為也出名啦！

青，取之於藍而青於藍

原文

君子曰：學不可以已[①]。青[②]，取之於藍[③]，而青於藍；冰，水為之，而寒於水。木直中繩，輮[④]以為輪，其曲中規，雖有槁暴[⑤]，不復挺者，輮使之然也。故木受繩則直，金就[⑥]礪[⑦]則利，君子博學而日參[⑧]省[⑨]乎己，則知明而行無過矣。

——《荀子・勸學》

典籍

《荀子》——一部由荀子及其弟子所總結記錄的著作，記敘了思想家荀況的自然觀念、邏輯思想及政治經濟思想，有些篇章還以民間文學的形式表述了為君、治國之道。

注釋

① 已：停止。

② 青：靛青色，一種顏料。

③ 藍：指蓼藍草，葉子可以製作藍色染料。

④ 輮：通「煣」，用細火烘烤，使筆直的木材彎曲。粵 jau4 (柔)；普 róu。

⑤ 槁暴：即烤乾、曬乾。槁，通「熇」，形容火勢猛烈；烤，燒。粵 gou2 (稿)；普 gǎo。暴，同「曝」，曬。粵 buk6(曝)；普 pù。

⑥ 就：靠近。

⑦ 礪：磨刀石。

⑧ 參：檢驗。

⑨ 省：省察，自省。粵 sing2(醒)；普 xǐng。

大人物

李斯

姓李名斯字通古，戰國楚國上蔡人，師從荀子學帝術，學成辭師西入秦，進諫秦王阻逐客，毒殺同學韓非子，輔佐秦王滅六國，官至丞相大權握，二世即位政局亂，趙高害我於咸陽。

大典故

這段古文衍生出一個成語：

青出於藍

從蓼藍草中提取出來的靛青，顏色比蓼藍草還深。
比喻學生勝過老師或後人強於前人。

小啟示

君子說：學習是沒有止境的。靛青，從蓼藍草中提煉出來，但顏色比蓼藍草更青；冰，水凝固而成，卻比水更寒冷。木材筆直合於繩墨，將它烘烤彎曲做成車輪，彎曲後的木材曲度符合圓規的要求，君子廣博學習而每天省察自己，就會智慧通達且行為沒有過錯。所以成長就是要不斷和自己的過去告別，和自己不好的習慣告別，不斷地磨練自己，精進自己，通過學習，一步一步地增進自己之前所不具備的能力。

延伸學習：荀子為甚麼也叫孫卿

西漢時期，漢宣帝名叫劉詢。為避諱皇帝的名字，即名字不與皇帝的字音相同，人們就把「荀」改成古代字音相近的「孫」啦！所以呀，荀子叫荀卿，也叫孫卿。

小拓展：青藍茶館小聚會

荀　子：閒來無事居山中，自娛自樂開茶館，椅子刷上天藍漆，桌子鋪張青石面。

上官周（清朝畫家）、司馬談（司馬遷父親）、徐階（明朝首輔大臣）：拜訪荀老喝杯茶。

上官周：藍椅青桌，館名「青藍」，是否寓意「青出於藍而勝於藍」？

荀　子：對啊！要說青出於藍，上官先生和徐大人培養的學生特優秀，司馬大人養個好兒子。

上官周：黃慎這孩子畫畫天賦高，成為揚州八怪之一，厲害！

徐　階：張居正有膽魄、有能力，他推進萬曆新政，官至內閣首輔，出息！

司馬談：同樣是太史令，司馬遷歷盡辛苦著成《史記》，比我這當老子的強！

荀　子：哎哎，那誰，路過門口怎麼不進來？

李　斯：（用袖子遮臉）老師，是我。

荀　子：你和韓非的恩怨暫且不說，但你把我的「帝王之術」付諸實踐又發揚光大，也算得上是青出於藍的好學生啦！

勝人者有力，自勝者強

原文

知人者智，自知者明。勝人者有力，自勝者強[①]。知足者富，強行者[②]有志。不失其所[③]者久，死而不亡者壽[④]。

——《老子‧道經》

典籍

《老子》——也稱《道德經》《老子五千文》，是道家的主要經典著作。現一般認為編定於戰國中期，書中基本上保留了老子本人的主要思想，並保存有許多古代天文、生產技術等方面的資料，還涉及軍事和養生等內容。

注釋

① 強：剛強，強大。
② 強行者：堅持不懈、持之以恆的人。
③ 所：指事業，根基。
④ 壽：長壽。

大人物

商容

姓商名容周朝人，商臣商容不是我。老子探病求教我，我詢問他三問題：過故鄉下車懂否？過喬木疾行知否？看我舌頭牙齒在否？故鄉下車不忘本，喬木疾行要尊老，舌在牙無柔勝剛，三個問題都答對，老子體悟大道理。世人稱我老聃師，將我列入《高士傳》。

大典故

這段古文衍生出一個成語：

自勝者強

自勝，戰勝自己；強，剛強，強大。能夠戰勝自己的人才稱得上強大。

小啟示

能夠了解別人的人是智慧的，能夠了解自己的人是明智的。能夠戰勝別人的人稱之為有力量，能夠戰勝自己的人稱之為剛強。知道滿足的人才是真正的富有，堅持身體力行、努力不懈的人才是有志氣。不丟掉根基的人才能夠恆久，肉體死亡而精神永存的人才真正長壽。人不能脫離於社會而存在，人是生活在人羣之中的，人與人之間的關係紛繁複雜，所以，人不能單單了解自己，更要了解別人；不能光想着戰勝別人，也要能夠戰勝自己。要致力於追求人和人之間的和諧相處。

小拓展：司馬遷失約

老子倚靠在松樹下，青牛悠閒地吃着草，太陽一點點沒入山後，只餘漫天絢麗的晚霞……

老　子：前日約好要遊山，夕陽西下不見人，騎着牛兒去瞧瞧，為何放我飛機。

小木屋中，司馬遷正奮筆疾書……

老　子：（推門）太史公。

司馬遷依然低頭寫字。

老　子：太史公？太史公？太……

司馬遷：（抬頭，一怔，隨即猛拍額頭）呀！是先生！哎呀！遊山之約……

老子拿起書案上的紙頁，攤開——

老　子：《自勝者列傳》？現外國之有志者，德國有貝多芬，美國有海倫．凱勒……

司馬遷：前幾日與周文王出國遊歷，見識了幾位外國志士，一時感慨作傳。寫得順手，忘了遊山約。

老　子：不妨事！這貝多芬我知道，三藏法師昨天去我那喝茶，對他推崇有加，但這海倫……

司馬遷：先生可還記得「魯君子」左丘明嗎？

老　子：當然記得！魯君子是史學鼻祖，著有《左氏春秋》與《國語》。尤其難得的是，他寫《國語》時已雙目失明，依然口述成書，令人欽佩！

司馬遷：這位叫海倫的美國姑娘，成就雖然不能與魯君子相比，但勵志精神卻一模一樣。她一歲多失明又失聰，憑藉頑強毅力學會說話，努力學習，掌握五種語言，撰寫十四部著作，還心懷大愛，建立慈善機構幫助殘障人士。

老　子：戰勝別人容易，戰勝自己困難，這位姑娘不愧是剛強的自勝者啊！

騏驥一躍，不能十步；駑馬十駕，功在不舍

原文

不積跬步[1]，無以至千里；不積小流，無以成江海。騏驥[2]一躍，不能十步；駑馬[3]十駕[4]，功在不舍。鍥[5]而舍之，朽木不折；鍥而不舍，金石可鏤[6]。螾無爪牙之利，筋骨之強，上食埃土，下飲黃泉，用心一也。蟹六跪[7]而二螯[8]，非蛇蟺之穴無可寄託者，用心躁也。

——《荀子·勸學》

注釋

① 跬步：即現在的一步，古代的半步。古人抬腳一次稱為跬，抬腳兩次稱為步。
跬，粵 kwai2（規 2）；普 kuǐ。

② 騏驥：駿馬。

③ 駑馬：劣馬。

④ 駕：指馬車行走一天的路程。

⑤ 鍥：刻。粵 kit3（竭）；普 qiè。

⑥ 鏤：雕刻。

⑦ 跪：指蟹足。因螃蟹有八隻蟹足，後人曾指出文中的「六」，疑為「八」。

⑧ 螯：螃蟹的蟹鉗。

大人物

張蒼

姓張名蒼師荀子，戰國時期陽武（今河南原陽縣）人。遍覽羣書見識博，精擅樂律與曆法，制定西漢度量衡。曾任秦朝御史官，西漢官拜至丞相，逝後謚號為文侯。

大典故

這段古文衍生出一個成語：

鍥而不捨

鍥，刻；捨，半途而廢。一直刻下去不半途而廢，即便是堅硬的金石也能鏤刻成器，比喻有恆心、有毅力。

小啟示

不積累一步半步的腳步，就不能行程千里；不積累細小水流，就不能匯成江河大海。千里馬縱躍一次，不能超過十步；劣馬行走十天的路程遠勝千里馬，牠的成功在於不放棄奔跑。用刀刻東西時斷時續，即使是腐朽的木頭也不會斷折；用刀刻東西連續不停，即使是堅硬的金石也能刻透。蚯蚓沒有鋒銳的爪牙和強壯的筋骨，卻能在地下縱橫來去，上食泥土下飲泉水，是因為牠用心專一的緣故。螃蟹有八隻足、兩隻大鉗子，卻只能尋找蛇、鱔的巢穴寄居，是因為牠用心浮躁的緣故。

這句話運用比喻和對比手法，生動闡釋了鍥而不捨才能取得成功的道理，其意思是指先天條件的優劣並不能決定成功與否，堅持不懈的決心和行動才是成功的必然要素。啟發人們矢志不移，向着既定的目標持之以恆地努力。

小拓展

10:16 5G 高僧交流羣 (線上人數 5/55) 100%

鑒真：@西行五萬里 品品您這網名，您莫不是獨自去西域尋求佛法的玄奘大師？

西行五萬里：正是正是。

鑒真：您往返十七年，行程五萬里，帶回數百部佛經，還把它們翻譯成我國語言，為我們中華佛教文化做出了巨大貢獻，可敬可佩可感！

西行五萬里：過獎過獎。鑒真你數次東渡大海，準備趕赴日本弘揚佛法與中華文化，五次失敗、雙目失明都不改初衷，第六次出海方才抵達日本，促進了文化傳播與中日友好交流，也是貢獻不小啊！

蓮池大師：玄奘大師與鑒真大師鍥而不捨，專注目標，這八字說來容易做來難，敬佩！膜拜！

大峯祖師：👍👍👍

雲谷禪師：👍👍👍👍👍